职业教育
数字媒体应用人才培养系列教材

# Photoshop

第 2 版
Photoshop
2020

## 平面设计应用教程

何莉 魏萌 杨婷 ◎ 主编　　凌兰 张耀尹 ◎ 副主编

人民邮电出版社
北　京

**图书在版编目（CIP）数据**

Photoshop 平面设计应用教程：Photoshop 2020 / 何莉，魏萌，杨婷主编. -- 2版. -- 北京：人民邮电出版社，2025. --（职业教育数字媒体应用人才培养系列教材）. -- ISBN 978-7-115-66571-3

Ⅰ. TP391.413

中国国家版本馆 CIP 数据核字第 20257HR675 号

## 内 容 提 要

Photoshop 是一款功能强大的图形图像处理软件。本书对 Photoshop 的基本操作方法、图形图像处理技巧及该软件在多个领域的应用进行全面的讲解。

本书分为上下两篇。上篇（基础技能篇）介绍图像处理基础与选区应用，绘制、修饰与编辑图像，路径与图形，调整图像的色彩与色调，应用文字与图层，使用通道与滤镜。下篇（案例实训篇）介绍 Photoshop 在各个领域的应用，包括图标设计、照片模板设计、App 页面设计、Banner 设计、海报设计、H5 页面设计、图书装帧设计、包装设计和网页设计。

本书适合作为高等职业院校平面设计专业相关课程的教材，也可供相关人员自学参考。

◆ 主　　编　何　莉　魏　萌　杨　婷

　　副主编　凌　兰　张耀尹

　　责任编辑　马　媛

　　责任印制　王　郁　周昇亮

◆ 人民邮电出版社出版发行　　北京市丰台区成寿寺路 11 号

　　邮编　100164　电子邮件　315@ptpress.com.cn

　　网址　https://www.ptpress.com.cn

　　北京天宇星印刷厂印刷

◆ 开本：787×1092　1/16

　　印张：17.75　　　　　　　　　　2025 年 6 月第 2 版

　　字数：458 千字　　　　　　　　2025 年 6 月北京第 1 次印刷

定价：59.80 元

读者服务热线：(010)81055256　印装质量热线：(010)81055316
反盗版热线：(010)81055315

Photoshop 是由 Adobe 公司开发的图形图像处理软件。它功能强大、易学易用，深受图形图像处理爱好者和平面设计人员的喜爱，是平面设计领域最流行的软件之一。目前，在我国很多高等职业院校的数字媒体艺术类专业中，"Photoshop 平面设计"都是一门重要的专业课程。为了帮助高等职业院校的教师全面、系统地讲授这门课程，使学生能够熟练地使用Photoshop 进行创意设计，我们几位长期在高等职业院校从事 Photoshop 教学的教师和专业平面设计公司经验丰富的设计师共同编写了本书。

本书具有完善的知识结构体系。基础技能篇按照"软件功能解析— 任务实践 — 项目实践 — 课后习题"这一思路编排内容。通过软件功能解析，学生能快速熟悉软件功能和平面设计特色；通过任务实践，学生能深入了解软件功能和艺术设计思路；通过项目实践和课后习题，学生能拓展实际应用能力。在案例实训篇中，根据 Photoshop 的应用领域，我们精心选取了专业平面设计公司的 54 个精彩实例。通过对这些案例进行全面的分析和详细的讲解，可以使学生更加贴近实际工作，开阔学生的艺术创意思维，提升学生的实际设计制作水平。在内容编写方面，我们力求细致全面、重点突出；在文字叙述方面，我们注意言简意赅、通俗易懂；在案例选取方面，我们强调案例的针对性和实用性。

另外，为方便教师教学，本书配备了详尽的项目实践和课后习题的操作步骤视频以及 PPT课件、教学大纲等丰富的教学资源，任课教师可在人邮教育社区（www.ryjiaoyu.com.cn）免费下载。本书的参考学时为 60 学时，其中，实训环节为 40 学时，各项目的参考学时参见下面的学时分配表。

| 项　目 | 课程内容 | 学 时 分 配 | |
|---|---|---|---|
| | | 讲　授 | 实　训 |
| 项目 1 | 图像处理基础与选区应用 | 2 | 2 |
| 项目 2 | 绘制、修饰与编辑图像 | 2 | 2 |
| 项目 3 | 路径与图形 | 2 | 2 |
| 项目 4 | 调整图像的色彩与色调 | 1 | 2 |
| 项目 5 | 应用文字与图层 | 1 | 2 |
| 项目 6 | 使用通道与滤镜 | 2 | 2 |
| 项目 7 | 图标设计 | 1 | 2 |
| 项目 8 | 照片模板设计 | 1 | 4 |
| 项目 9 | App 页面设计 | 1 | 2 |
| 项目 10 | Banner 设计 | 1 | 2 |
| 项目 11 | 海报设计 | 1 | 4 |
| 项目 12 | H5 页面设计 | 1 | 2 |

| 项　　目 | 课　程　内　容 | 学　时　分　配 | |
| --- | --- | --- | --- |
| | | 讲　　授 | 实　　训 |
| 项目 13 | 图书装帧设计 | 1 | 4 |
| 项目 14 | 包装设计 | 1 | 4 |
| 项目 15 | 网页设计 | 2 | 4 |
| 学　时　总　计 | | 20 | 40 |

由于编者水平有限，书中难免存在不妥之处，敬请广大读者批评指正。

编　者

2024 年 10 月

# 目 录

# 目 录

# 目 录

# 目录

# 目 录

# 配套教学资源

| 项目 | 名称或数量 | 项目 | 名称或数量 |
|---|---|---|---|
| 教学大纲 | 1 套 | 任务实践 | 34 个 |
| 电子教案 | 15 个 | 项目实践 | 24 个 |
| PPT 课件 | 15 个 | 课后习题 | 24 个 |
| 项目 1<br>图像处理<br>基础与选区<br>应用 | 制作时尚彩妆类电商 Banner | 项目 6<br>使用通道与<br>滤镜 | 制作婚纱摄影类公众号运营<br>海报 |
| | 制作商品详情页主图 | | 制作摄影摄像类公众号封面首图 |
| | 制作旅游出行公众号首图 | | 制作汽车销售类公众号封面首图 |
| | 制作橙汁广告 | | 制作夏至节气宣传海报 |
| 项目 2<br>绘制、修饰<br>与编辑图像 | 制作美好生活公众号封面次图 | 项目 7<br>图标设计 | 制作应用商店类 UI 图标 |
| | 为茶具添加水墨画 | | 绘制时钟图标 |
| | 为产品添加标识 | | 制作备忘录图标 |
| | 制作房屋地产类公众号信息图 | | 绘制记事本图标 |
| | 制作美妆教学类公众号封面首图 | | 制作计算器图标 |
| 项目 3<br>路径与图形 | 制作箱包 App 主页 Banner | | 制作画板图标 |
| | 制作食物宣传卡 | 项目 8<br>照片模板<br>设计 | 制作户外生活照片模板 |
| | 绘制家居装饰类公众号插画 | | 制作旅游建筑照片模板 |
| | 制作端午节海报 | | 制作旅游风景照片模板 |
| | 制作中秋节海报 | | 制作个人写真照片模板 |
| 项目 4<br>调整图像的<br>色彩与色调 | 制作餐饮行业公众号封面次图 | | 制作传统美食照片模板 |
| | 制作旅游出行微信公众号封面<br>首图 | | 制作中式家居照片模板 |
| | 调整过暗的图片 | 项目 9<br>App 页面<br>设计 | 制作旅游类 App 首页 |
| | 修正详情页主图中偏色的图片 | | 制作旅游类 App 闪屏页 |
| 项目 5<br>应用文字<br>与图层 | 制作餐厅招牌面宣传单 | | 制作旅游类 App 引导页 |
| | 制作生活摄影公众号首页次图 | | 制作旅游类 App 个人中心页 |
| | 绘制收音机图标 | | 制作旅游类 App 酒店详情页 |
| | 制作饰品类公众号封面首图 | | 制作旅游类 App 登录页 |
| | 制作立冬节气宣传海报 | | |
| | 制作服装 App 主页 Banner | | |

| 项目 | 名称或数量 | 项目 | 名称或数量 |
|------|-----------|------|-----------|
| 项目 10 Banner 设计 | 制作女包类 App 主页 Banner | 项目 13 图书装帧设计 | 制作化妆美容图书封面 |
| | 制作空调扇 Banner | | 制作摄影摄像图书封面及封底 |
| | 制作美妆护肤网店 Banner | | 制作花艺工坊图书封面 |
| | 制作电商平台 App 主页 Banner | | 制作家常菜图书封面 |
| | 制作生活家具类网站 Banner | | 制作吉祥剪纸图书封面 |
| | 制作中式茶叶网站主页 Banner | | 制作茶道图书封面 |
| 项目 11 海报设计 | 制作抗皱精华露海报 | 项目 14 包装设计 | 制作冰激凌包装 |
| | 制作传统文化宣传海报 | | 制作果汁饮料包装 |
| | 制作实木双人床海报 | | 制作洗发水包装 |
| | 制作元宵节节日宣传海报 | | 制作土豆片软包装 |
| | 制作实木餐桌椅海报 | | 制作五谷杂粮包装 |
| | 制作旅游出行公众号推广海报 | | 制作方便面包装 |
| 项目 12 H5 页面设计 | 制作食品餐饮行业产品营销 H5 首页 | 项目 15 网页设计 | 制作生活家居类网站首页 |
| | 制作食品餐饮行业产品营销 H5 页面 1 | | 制作生活家居类网站详情页 |
| | 制作食品餐饮行业产品营销 H5 页面 2 | | 制作生活家居类网站列表页 |
| | 制作汽车工业行业活动邀请 H5 首页 | | 制作中式茶叶官网首页 |
| | 制作汽车工业行业活动邀请 H5 页面 1 | | 制作中式茶叶官网详情页 |
| | 制作汽车工业行业活动邀请 H5 页面 2 | | 制作中式茶叶官网招聘页 |

上篇

# 基础技能篇

# 项目 1
# 图像处理基础与选区应用

## 项目引入

本项目主要介绍图像处理的基础知识、Photoshop 的工作界面、文件的基本操作和选区的应用方法等内容。通过对本项目的学习，读者可以快速掌握 Photoshop 的基础知识和基本操作，从而更快、更准确地处理图像。

## 项目目标

✔ 熟悉 Photoshop 的基础知识。
✔ 掌握选择工具的使用方法。
✔ 掌握调整选区的技巧。

## 技能目标

✔ 掌握文件操作方法。
✔ 掌握时尚彩妆类电商 Banner 的制作方法。
✔ 掌握商品详情页主图的制作方法。

## 素养目标

✔ 加强学习 Photoshop 的兴趣。
✔ 培养获取 Photoshop 新知识的基本能力。
✔ 树立文化自信、职业自信。

## 任务 1.1　Photoshop 基础知识

　　Photoshop 图像处理的基础知识包括位图与矢量图、像素与分辨率、图像文件的常用格式、图像的颜色模式、Photoshop 工作界面、Photoshop 基础辅助功能等。掌握这些基础知识有助于读者提高处理图像的速度和准确性。

## 1.1.1 图像处理基础知识

### 1. 位图与矢量图

图像可以分为两大类：位图和矢量图。在绘图或处理图像的过程中，这两种类型的图像可以交叉使用。

❖ 位图

位图由许多不同颜色的小方块组成，这些小方块就称为像素。每一个像素都有一个明确的颜色。由于位图采取点阵的方式，每个像素都能够记录图像的色彩信息，因此位图可以表现丰富的色彩。但图像的色彩越丰富，图像的像素就越多，文件也就越大。因此，处理位图对计算机硬盘和内存的要求比较高。

位图与分辨率有关，如果以较大的倍数放大显示图像，或以过低的分辨率打印图像，图像会出现锯齿状的边缘，并且会丢失细节，原始位图和位图放大后的效果分别如图 1-1 与图 1-2 所示。

图 1-1                    图 1-2

❖ 矢量图

矢量图以矢量方式来记录图像内容。矢量图中的图形元素称为对象，每个对象都是独立的，具有各自的属性。矢量图由各种线条或文字组合而成。使用 Illustrator、CorelDRAW 等绘图软件创作的都是矢量图。

矢量图与分辨率无关，缩放到任意大小其清晰度都不变，也不会出现锯齿状的边缘。在任何分辨率下显示或打印，矢量图都不会损失细节，原始矢量图和矢量图放大后的效果分别如图 1-3 与图 1-4 所示。矢量图文件所占的空间较小，但这种图像的缺点是色调较单调，无法像位图那样精确地描绘各种绚丽的景象。

图 1-3                    图 1-4

### 2. 像素

在 Photoshop 中，像素是图像的基本单位。图像由许多个小方块组成，一个小方块就是一个像素。一个像素只显示一种颜色，且有明确的位置和色彩数值，即像素的颜色和位置决定了图像所呈现的效果。文件包含的像素越多，文件越大，图像品质就越好，包含不同数量像素的图像文件的效果如图 1-5、图 1-6 所示。

图 1-5　　　　　　　　　　图 1-6

### 3. 分辨率

分辨率是描述图像文件信息的术语。在 Photoshop 中，图像上每单位长度所能显示的像素数目称为图像的分辨率，常用的单位有"像素/英寸"和"像素/厘米"。

高分辨率的图像包含的像素比相同尺寸的低分辨率图像多。图像中的像素越小、越密，图像越能表现出色调的细节变化，不同分辨率的图像放大前后的对比如图 1-7 与图 1-8 所示。

高分辨率图像　　　　放大后的效果　　　　低分辨率图像　　　　放大后的效果

图 1-7　　　　　　　　　　　　　　　图 1-8

### 4. 常用的图像文件格式

在用 Photoshop 制作或处理好图像后，要进行存储。这时，选择合适的文件格式就显得十分重要。Photoshop 支持 20 多种文件格式。在这些文件格式中，既有 Photoshop 的专用格式，也有用于应用程序数据交换的文件格式，还有一些比较特殊的格式。下面介绍几种常用的文件格式。

❖　PSD 格式和 PDD 格式

PSD 格式和 PDD 格式是 Photoshop 的专用文件格式，能够保存图像数据的细节信息，如图层、蒙版、通道等信息。在没有最终决定图像的存储格式前，最好先以这两种格式中的一种存储。另外，Photoshop 打开和存储这两种格式的文件的速度比其他格式的文件快。但是这两种格式也有缺点，即图像文件特别大，占用的磁盘空间较大。

❖　TIF（TIFF）格式

TIF（TIFF）是标签图像格式。TIF 格式具有很强的可移植性，可以用于 Windows、macOS 以及 UNIX 工作站三大平台，是这三大平台上应用最广泛的图像文件格式。存储时可在图 1-9 所示的对话框中进行具体设置。

图 1-9

用 TIF 格式存储图像时应考虑文件的大小，因为 TIF 格式的结构比其他格式更大、更复杂。但 TIF 格式支持 24 个通道，能存储多于 4 个通道的图像文件。TIF 格式非常适合用于印刷和输出图像。

❖ BMP 格式

BMP（Bitmap）格式可以用于绝大多数 Windows 应用程序。"BMP 选项"对话框如图 1-10 所示，可在其中进行 BMP 文件的具体设置。

BMP 格式使用索引色彩，其图像具有极其丰富的色彩。BMP 格式能够存储黑白图、灰度图和 16MB 色彩的 RGB 图像等。在存储 BMP 格式的图像文件时，可以进行无损压缩，以节省磁盘空间。

❖ GIF 格式

GIF 格式（Graphics Interchange Format，GIF）的文件比较小，是压缩的 8 位图像文件。正 因为这样，一般用这种格式的文件来缩短图像的加载时间。如果要在网络中传输图像文件，传输 GIF 格式的图像文件要比其他格式的图像文件快得多。

❖ JPEG 格式

JPEG 格式既是 Photoshop 支持的一种文件格式，也是一种压缩方案。它是 Macintosh 上常用 的一种存储类型。JPEG 格式是压缩格式中的"佼佼者"，它使用的有损压缩会导致图像丢失部分数 据。用户可以在存储前选择图像的最后质量，以控制数据的损失程度。"JPEG 选项"对话框如图 1-11 所示，可在其中进行 JPEG 文件的具体设置。

在"品质"下拉列表中可以选择"低""中""高""最佳"4 种图像压缩品质。以高品质保存 的图像比以其他品质保存的图像占用的磁盘空间更大，而以低品质保存的图像会损失较多数据。

图 1-10

图 1-11

## 5. 图像的颜色模式

Photoshop 提供了多种颜色模式。这些颜色模式正是图像能够在屏幕和印刷品上表现出丰富色彩的重要保障。在这些颜色模式中，经常使用的有 CMYK 模式、RGB 模式以及灰度模式。另外，Photoshop 中的颜色模式还有 Lab 模式、HSB 模式、索引模式、位图模式、双色调模式、多通道模式等。颜色模式可以在"图像 > 模式"菜单中选择，每种颜色模式都有不同的色域，并且各个颜色模式之间可以转换。下面介绍几种常用的颜色模式。

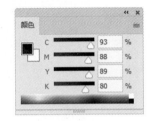

图 1-12

❖　　CMYK 模式

CMYK 代表印刷使用的 4 种油墨色：C 代表青色，M 代表洋红色，Y 代表黄色，K 代表黑色。CMYK 模式的"颜色"控制面板如图 1-12 所示。

CMYK 模式在印刷时应用了色彩学中的减法混合原理，即减色模式。它是图片和其他 Photoshop 作品最常用的印刷颜色模式，因为在印刷中通常要进行四色分色，出四色胶片，再进行印刷。

❖　　RGB 模式

RGB 模式是一种加色模式，它通过红、绿、蓝 3 种色光的叠加形成更多的颜色。RGB 是色光的彩色模式，一幅 24 位的 RGB 图像有 3 个色彩信息通道：红色（R）、绿色（G）和蓝色（B）。RGB 模式的"颜色"控制面板如图 1-13 所示。

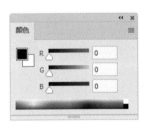

图 1-13

每个通道都有 8 位的色彩信息——0 到 255 的亮度值色域。也就是说，每一种色彩都有 256 个亮度级别。3 种色彩相叠加，可以形成 256×256×256=1670 多万种颜色。这 1670 多万种颜色足以表现出绚丽多彩的世界。

在 Photoshop 中编辑图像时，RGB 模式是最佳的选择，因为它可以提供全屏幕的多达 24 位的色彩范围。

❖　　灰度模式

灰度模式又叫 8 位深度图。每个像素用 8 个二进制位表示，能产生 $2^8$（即 256）级灰色调。当彩色模式文件转换为灰度模式文件时，所有的颜色信息都将丢失。尽管 Photoshop 支持将灰度模式文件转换为彩色模式文件，但其不能将原来的颜色完全还原。所以，当要将彩色模式文件转换为灰度模式文件时，应先做好文件的备份。

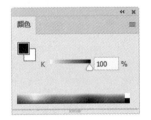

图 1-14

像黑白照片一样，灰度模式的图像只有明暗值，没有色相和饱和度这两种颜色信息。灰度模式的"颜色"控制面板如图 1-14 所示，0% 代表白，100% 代表黑，K 值用于衡量黑色油墨用量。

提示：将彩色模式文件转换为双色调模式（Duotone）文件或位图模式（Bitmap）文件时，必须先将其转换为灰度模式文件，然后再转换为双色调模式文件或位图模式文件。

## 1.1.2　工作界面

了解 Photoshop 的工作界面是学习 Photoshop 的基础。只有熟悉其工作界面，才能得心应手地使用 Photoshop。

Photoshop 的工作界面主要由菜单栏、属性栏、工具箱、控制面板和状态栏组成，如图 1-15 所示。

图 1-15

菜单栏：菜单栏中包含 11 个菜单。利用菜单命令可以完成编辑图像、调整色彩和添加滤镜效果等操作。

属性栏：属性栏是工具箱中各个工具的功能扩展。在属性栏中设置不同的选项，可以快速地完成多样化的操作。

工具箱：工具箱中包含多个工具。利用不同的工具可以完成图像的绘制、观察和测量等操作。

控制面板：控制面板是 Photoshop 工作界面的重要组成部分。通过不同的控制面板，可以完成在图像中填充颜色、设置图层和添加样式等操作。

状态栏：状态栏用于显示当前文件的显示比例、文档大小等提示信息。

### 1.1.3 基础辅助功能

Photoshop 界面中包含能实现基础辅助功能的命令和工具。使用颜色设置命令，可以快速地运用需要的颜色绘制图像；使用辅助工具，可以快速查看图像。

**1. 颜色设置**

❖ "拾色器"对话框

单击工具箱中的"设置前景色"/"设置背景色"图标，弹出相应的"拾色器"对话框，如图 1-16 所示，在颜色色带上单击或拖曳两侧的三角形滑块，可以使颜色的色相产生变化。

左侧的颜色选择区：用于选择颜色的明度和饱和度，垂直方向表示明度，水平方向表示饱和度。

右上方的颜色框：显示所选颜色。其下方是所选颜色的 HSB、RGB、CMYK 和 Lab 值，选择好颜色后，单击"确定"按钮，所选颜色将变为工具箱中的前景色或背景色。

右下方的数值框：用于输入 HSB、RGB、CMYK、Lab 的值，以得到想要的颜色。

"只有 Web 颜色"复选框：勾选此复选框，颜色选择区中将出现供网页使用的颜色，如图 1-17 所示，右侧的数值框 # 000000 中显示的是网页颜色的色值。

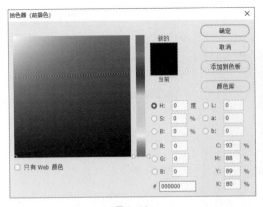

图 1-16

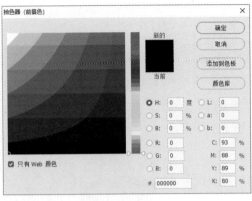

图 1-17

在"拾色器"对话框中单击 颜色库 按钮，会弹出"颜色库"对话框，如图 1-18 所示。"颜色库"对话框的"色库"下拉列表中包含常用的印刷颜色体系，如图 1-19 所示，其中"TRUMATCH"是为印刷设计提供服务的印刷颜色体系。

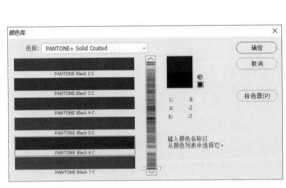

图 1-18

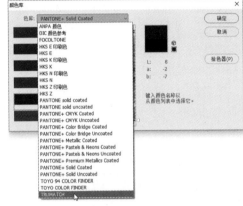

图 1-19

在"颜色库"对话框中单击颜色色相区域，或拖曳其两侧的三角形滑块，可以使颜色的色相产生变化。在颜色选择区中选择带有编码的颜色，对话框右上方的颜色框中会显示所选择的颜色，右下方显示所选择颜色的色值。

❖　"颜色"控制面板

选择"窗口 > 颜色"命令，弹出"颜色"控制面板，如图 1-20 所示，在该面板中可以改变前景色和背景色。

单击左侧的设置前景色或设置背景色图标■，确定所调整的是前景色还是背景色。拖曳三角形滑块或在色带中单击，以选择所需的颜色，也可以直接在颜色的数值框中输入数值，以调整颜色。

单击"颜色"控制面板右上方的▤图标，弹出面板菜单，如图 1-21 所示，此菜单用于设置"颜色"控制面板中显示的颜色模式，以便在不同的颜色模式中调整颜色。

❖　"色板"控制面板

选择"窗口 > 色板"命令，弹出"色板"控制面板，如图 1-22 所示，可以在其中选取一种颜色来改变前景色或背景色。单击"色板"控制面板右上方的▤图标，弹出面板菜单，如图 1-23 所示。

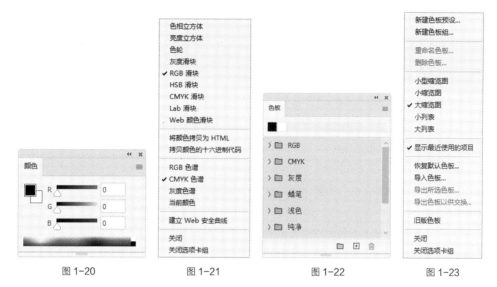

图 1-20        图 1-21        图 1-22        图 1-23

新建色板预设：用于新建色板。新建色板组：用于新建色板组。重命名色板：用于重命名色板。删除色板：用于删除色板。小型缩览图：使颜色显示为最小图标。小/大缩览图：使颜色显示为小/大图标。小/大列表：使颜色显示为小/大列表。显示最近使用的项目：显示最近使用的颜色。恢复默认色板：用于恢复系统的初始设置状态。导入色板：用于在"色板"控制面板中导入色板文件。导出所选色板：用于将当前"色板"控制面板中的色板文件存入硬盘。导出色板以供交换：用于将当前"色板"控制面板中的色板文件存入硬盘并供交换使用。旧版色板：用于切换到旧版本的色板。

在"色板"控制面板中单击"创建新色板"按钮 ⊡，如图 1-24 所示，弹出"色板名称"对话框，如图 1-25 所示，单击"确定"按钮，即可将当前的前景色添加到"色板"控制面板中，效果如图 1-26 所示。

图 1-24                  图 1-25                  图 1-26

在"色板"控制面板中将鼠标指针移到色标上，当鼠标指针变为 🖋 形状时单击，即可将吸取的颜色设置为前景色。

**2. 图像显示效果**

在制作图像的过程中，可以根据不同的设计需要更改图像的显示效果。

❖     更改屏幕显示模式

要更改屏幕的显示模式，可以在工具箱底部单击"更改屏幕模式"按钮 ⊡，在弹出的菜单中选择需要的模式，如图1-27所示。反复按F键，也可切换屏幕显示模式。按Tab键可以关闭除图像窗口和菜单栏外的其他面板。

❖　缩放工具 🔍

放大显示图像：选择缩放工具 🔍，在图像中鼠标指针变为 🔍 形状，每次单击图像，图像就会放大一倍。如当图像以100%的比例显示在屏幕上时，在图像上单击，图像将以200%的比例显示。

当要放大指定的区域时，选择放大工具 🔍，按住鼠标左键，选中需要放大的区域后松开鼠标，选中的区域会放大显示并填满图像窗口。取消勾选"细微缩放"复选框，在图像上框选出矩形选区，如图1-28所示，可以将选中的区域放大，效果如图1-29所示。

按 Ctrl++组合键可逐次放大图像，例如从100%的显示比例放大到200%，再放大至300%、400%。

缩小显示图像：缩小显示图像一方面可以用有限的屏幕空间显示出更多的图像，另一方面可以让用户看到较大图像的全貌。

选择缩放工具 🔍，在图像中鼠标指针变为 🔍 形状，按住Alt键，鼠标指针变为 🔍 形状。每次单击图像，图像将缩小为原来的一半。按 Ctrl+－组合键可逐次缩小图像。

也可在缩放工具的属性栏中单击缩小工具 🔍，鼠标指针将变为 🔍 形状，每次单击图像，图像将缩小为原来的一半。

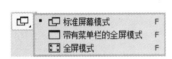

图1-27　　　　　　　　　　图1-28　　　　　　　　　　图1-29

❖　抓手工具 ✋

选择抓手工具 ✋，在图像中鼠标指针变为 ✋ 形状，拖曳图像，可以观察图像的不同部分，如图1-30所示。拖曳图像周围的垂直滚动条和水平滚动条，也可观察图像的不同部分，如图1-31所示。如果正在使用其他工具进行操作，按住Space（空格）键，可以快速切换到抓手工具 ✋。

图1-30　　　　　　　　　　　图1-31

缩放命令的作用如下。

选择"视图 > 放大"命令，可放大显示当前图像。

选择"视图 > 缩小"命令，可缩小显示当前图像。

选择"视图 > 按屏幕大小缩放"命令，可满屏显示当前图像。

选择"视图 > 100%/200%"命令，可以 100%或 200%的比例显示当前图像。

选择"视图 > 打印尺寸"命令，可以实际的打印尺寸显示当前图像。

### 3. 标尺与参考线

标尺和参考线的设置可以使图像处理更加精确，而实际设计任务中的许多问题也需要使用标尺和参考线来解决。

❖　　标尺

选择"编辑 > 首选项 > 单位与标尺"命令，弹出的对话框如图 1-32 所示。

图 1-32

单位：用于设置标尺和文字的显示单位，有不同的显示单位可以选择。新文档预设分辨率：用于设置新建文档的预设分辨率。列尺寸：用于设置导入排版软件的图像所占据的列宽和装订线的尺寸。点/派卡大小：与输出有关的参数。

选择"视图 > 标尺"命令或按 Ctrl+R 组合键，可以显示或隐藏标尺，如图 1-33 和图 1-34 所示。

图 1-33

图 1-34

❖　　参考线

可将鼠标指针放在水平标尺上，按住鼠标左键，向下拖曳出水平的参考线，效果如图 1-35 所示。也可将鼠标指针放在垂直标尺上，按住鼠标左键，向右拖曳出垂直的参考线，效果如图 1-36 所示。

图 1-35　　　　　　　　　　　　　图 1-36

选择"视图 > 显示 > 参考线"命令，可以显示或隐藏参考线，此命令只有在存在参考线时才能选择。按 Ctrl+；组合键也可以显示或隐藏参考线。

选择移动工具 ⊕ ，将鼠标指针放在参考线上，鼠标指针变为 ÷ 形状时，按住鼠标左键并拖曳鼠标，可以移动参考线。

选择"视图 > 新建参考线"命令，弹出"新建参考线"对话框，如图 1-37 所示，设置完成后单击"确定"按钮，图像中会出现新建的参考线。选择"视图 > 锁定参考线"命令或按 Alt +Ctrl+；组合键，可以将参考线锁定，参考线锁定后将不能被移动。选择"视图 > 清除参考线"命令，可以将参考线清除。

图 1-37

# 任务实践——文件操作

【任务学习目标】熟悉 Photoshop 的文件操作命令。

【任务知识要点】使用"打开"命令打开需要的素材，使用"新建"命令新建文件，存储文件并关闭文件，最终效果如图 1-38 所示。

【效果所在位置】项目 1/效果/文件操作.psd。

图 1-38

（1）打开 Photoshop，选择"文件 > 打开"命令，弹出"打开"对话框，如图 1-39 所示。选择本书云盘中的"项目 1 > 02.psd"文件，单击"打开"按钮，打开文件，如图 1-40 所示。

图 1-39

图 1-40

（2）在右侧的"图层"控制面板中选中"电视"图层，如图 1-41 所示。按 Ctrl+A 组合键，全选图像，如图 1-42 所示。按 Ctrl+C 组合键，复制图像。

图 1-41　　　　　　　　　　　　　　　　　　　图 1-42

（3）选择"文件 > 新建"命令，弹出"新建文档"对话框，选项的设置如图 1-43 所示，单击"创建"按钮新建文件。按 Ctrl+V 组合键，将复制的图像粘贴到新建的图像窗口中，如图 1-44 所示。

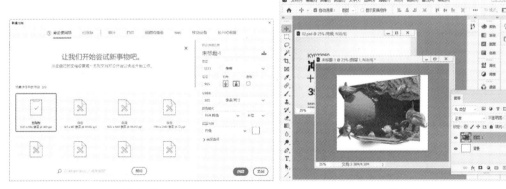

图 1-43　　　　　　　　　　　　　　　　　　　图 1-44

（4）单击"未标题-1"图像窗口标题栏右侧的"关闭"按钮，弹出提示对话框，如图 1-45 所示。单击"是"按钮，在弹出的提示对话框中单击"保存在您的计算机上"按钮，如图 1-46 所示，弹出"另存为"对话框，在其中设置文件的保存位置、格式和名称，如图 1-47 所示。单击"保存"按钮，弹出"Photoshop 格式选项"对话框，如图 1-48 所示，单击"确定"按钮，保存文件，同时关闭图像窗口中的文件。

图 1-45

图 1-46

图 1-47

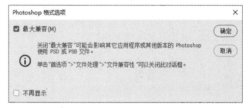

图 1-48

（5）单击"02"图像窗口标题栏右侧的"关闭"按钮，关闭打开的"02.psd"文件。单击软件窗口标题栏右侧的"关闭"按钮关闭软件。

## 任务1.2　选择工具

要想对图像进行编辑，首先要选择图像。能够快捷、精确地选择图像，是提高图像处理效率的关键。

### 1.2.1　使用选框工具

使用选框工具可以在图像或图层中绘制规则的选区，从而选取规则的图像。

**1. 矩形选框工具**

选择矩形选框工具 ，或反复按 Shift+M 组合键，其属性栏如图 1-49 所示。

图 1-49

新选区▣：去除旧选区，绘制新选区。添加到选区▣：在原有选区上增加新的选区。从选区减去▣：从原有选区中减去新选区。与选区交叉▣：选择新旧选区重叠的部分。羽化：用于设定选区边缘的羽化程度。消除锯齿：用于清除选区边缘的锯齿。样式：用于选择绘制样式，"正常"为标准绘制样式；"固定比例"用于设定选区的长宽比；"固定大小"用于固定选区的长度和宽度。宽度和高度：用于设定选区的宽度和高度。选择并遮住：用于创建或调整选区。

选择矩形选框工具▣，在图像中适当的位置按住鼠标左键，向右下方拖曳鼠标以绘制选区，释放鼠标，矩形选区绘制完成，如图 1-50 所示。按住 Shift 键的同时绘制选区，可以绘制出正方形选区，如图 1-51 所示。

图 1-50 图 1-51

**2. 椭圆选框工具**

选择椭圆选框工具◯，或反复按 Shift+M 组合键，其属性栏如图 1-52 所示。

图 1-52

选择椭圆选框工具◯，在图像窗口中适当的位置按住鼠标左键，拖曳鼠标以绘制选区，释放鼠标后，椭圆选区绘制完成，如图 1-53 所示。按住 Shift 键的同时绘制选区，可以绘制出圆形选区，如图 1-54 所示。

图 1-53 图 1-54

在属性栏中将"羽化"值设为 0 像素，绘制并填充选区，效果如图 1-55 所示。将"羽化"值设为 20 像素，绘制并填充选区，效果如图 1-56 所示。

图 1-55 图 1-56

### 1.2.2　使用套索工具

使用套索工具可以在图像或图层中绘制不规则的选区，从而选取不规则的图像。

**1. 套索工具**

选择套索工具 $\wp$，或反复按 Shift+L 组合键，其属性栏如图 1-57 所示。

图 1-57

选择套索工具 $\wp$，在图像中的适当位置按住鼠标左键，拖曳鼠标，在图像周围进行绘制，如图 1-58 所示，释放鼠标，选择的区域会自动封闭并生成选区，效果如图 1-59 所示。

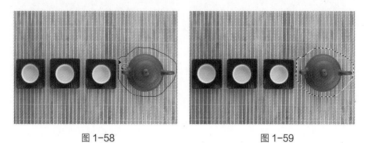

图 1-58　　　　　　　　　　　图 1-59

**2. 多边形套索工具**

选择多边形套索工具 $\forall$，或反复按 Shift+L 组合键，其属性栏中的选项与套索工具相同，这里不赘述。

选择多边形套索工具 $\forall$，在图像中单击以设置所选区域的起点，接着单击其他点以确定选区，效果如图 1-60 所示。将鼠标指针移回起点，鼠标指针变为 $\forall$ 形状，如图 1-61 所示，单击即可封闭选区，效果如图 1-62 所示。

图 1-60　　　　　　　　　图 1-61　　　　　　　　　图 1-62

在图像中使用多边形套索工具 $\forall$ 绘制选区时，按 Enter 键可封闭选区，按 Esc 键可取消选区，按 Delete 键可删除刚刚单击建立的选区点。

**3. 磁性套索工具**

选择磁性套索工具 $\forall$，或反复按 Shift+L 组合键，其属性栏如图 1-63 所示。

图 1-63

宽度：用于设定套索检测范围，磁性套索工具将在这个范围内选取反差最大的边缘。对比度：用于设定选取边缘的灵敏度，数值越大，则边缘与背景的反差越大。频率：用于设定选取点的速率，数值越大，标记速度越快，标记点越多。 ✍：用于设定专用绘图板的笔刷压力。

选择磁性套索工具 ⚡，在图像中的适当位置按住鼠标左键，根据选取图像的形状拖曳鼠标，选取图像的磁性轨迹会紧贴图像，如图 1-64 所示。将鼠标指针移回起点，如图 1-65 所示，单击即可封闭选区，效果如图 1-66 所示。

图 1-64　　　　　　　　　　图 1-65　　　　　　　　　　图 1-66

在图像中使用磁性套索工具 ⚡ 绘制选区时，按 Enter 键可封闭选区，按 Esc 键可取消选区，按 Delete 键可删除刚刚单击建立的选区点。

### 1.2.3　魔棒工具

选择魔棒工具 ⚡，或按 W 键，其属性栏如图 1-67 所示。

图 1-67

连续：用于选择单独的色彩范围。对所有图层取样：用于将所有可见图层中颜色容许范围内的色彩加入选区。

选择魔棒工具 ⚡，在图像中单击需要选择的颜色区域，即可得到需要的选区，如图 1-68 所示。在属性栏中修改"容差"值，再次单击需要选择的颜色区域，选区效果如图 1-69 所示。

 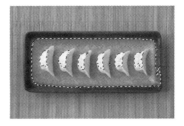

图 1-68　　　　　　　　　　　　　图 1-69

### 1.2.4　对象选择工具

对象选择工具用来在选定的区域内查找并自动选择对象。

选择对象选择工具 ⬚，其属性栏如图 1-70 所示。

图 1-70

模式：用于选择"矩形"或"套索"选取模式。减去对象：用于在选定的区域内查找并自动减去对象。

打开一张图像，如图 1-71 所示。在主体图像周围绘制选区，如图 1-72 所示，主体图像周围会生成选区，如图 1-73 所示。

图 1-71

图 1-72

图 1-73

单击属性栏中的"从选区减去"按钮，保持"减去对象"复选框处于勾选状态，在图像中绘制选区，如图 1-74 所示，减去的选区如图 1-75 所示。取消勾选"减去对象"复选框，在图像中绘制选区，减去的选区如图 1-76 所示。

图 1-74

图 1-75

图 1-76

提示：对象选择工具不适合用于选取边界不清晰或带有毛发的复杂图形。

### 1.2.5　快速选择工具

选择快速选择工具后，可以使用调整的画笔快速绘制选区。

选择快速选择工具，其属性栏如图 1-77 所示。

图 1-77

：选区选择方式选项。单击"画笔"按钮，弹出画笔面板，如图 1-78 所示，可以在其中设置画笔的大小、硬度、间距、角度和圆度。自动增强：可以调整所绘制选区边缘的粗糙度。

# 任务实践——制作时尚彩妆类电商 Banner

【任务学习目标】学习使用不同的选择工具来选择不同外形的图像，并使用移动工具将它们合成为一个 Banner。

图 1-78

【任务知识要点】使用矩形选框工具、椭圆选框工具、多边形套索工具和魔棒工具抠出化妆品图像，使用变换命令旋转图像，使用移动工具合成图像，最终效果如图 1-79 所示。

【效果所在位置】项目 1/效果/制作时尚彩妆类电商 Banner.psd。

图 1-79

（1）按 Ctrl＋O 组合键，打开云盘中的"项目 1＞ 素材 ＞ 制作时尚彩妆类电商 Banner＞02"文件，如图 1-80 所示。选择矩形选框工具 ⬚，在"02"图像窗口中沿着化妆品盒边缘绘制选区，如图 1-81 所示。

图 1-80　　　　　　　　　　　　　　　图 1-81

（2）按 Ctrl＋O 组合键，打开云盘中的"项目 1＞ 素材 ＞ 制作时尚彩妆类电商 Banner＞01"文件。选择移动工具 ✛，将"02"图像窗口的选区中的图像拖曳到"01"图像窗口中适当的位置，效果如图 1-82 所示。"图层"控制面板中生成新的图层，将其命名为"化妆品 1"。

（3）按 Ctrl+T 组合键，图像周围出现变换框，将鼠标指针放在变换框外侧，鼠标指针变为↱形状。按住鼠标左键并拖曳鼠标，将图像旋转到适当的角度，按 Enter 键确定操作，效果如图 1-83 所示。

图 1-82　　　　　　　　　　　　　　　图 1-83

（4）选择椭圆选框工具 ◯，在"02"图像窗口中沿着化妆品边缘绘制选区，如图 1-84 所示。选择移动工具 ✛，将"02"图像窗口的选区中的图像拖曳到"01"图像窗口中适当的位置，效果如图 1-85 所示，"图层"控制面板中生成新的图层，将其命名为"化妆品 2"。

（5）选择多边形套索工具 ⋋，在"02"图像窗口中沿着化妆品边缘绘制选区，如图 1-86 所示。选择移动工具 ✛，将"02"图像窗口的选区中的图像拖曳到"01"图像窗口中适当的位置，效果如图 1-87 所示，"图层"控制面板中生成新的图层，将其命名为"化妆品 3"。

图 1-84

图 1-85

图 1-86

图 1-87

（6）按 Ctrl＋O 组合键，打开云盘中的"项目 1＞ 素材 ＞ 制作时尚彩妆类电商 Banner ＞ 03"
文件。选择魔棒工具 ，在图像窗口的背景区域单击，图像周围生成选区，如图 1-88 所示。按
Shift+Ctrl+I 组合键，将选区反选，如图 1-89 所示。

（7）选择移动工具 ，将"03"图像窗口的选区中的图像拖曳到"01"图像窗口中适当的位置，
如图 1-90 所示，"图层"控制面板中生成新的图层，将其命名为"化妆品 4"。

图 1-88

图 1-89

图 1-90

（8）按 Ctrl＋O 组合键，打开云盘中的"项目 1＞ 素材 ＞ 制作时尚彩妆类电商 Banner ＞ 04、
05"文件，选择移动工具 ，将图片分别拖曳到"01"图像窗口中适当的位置，如图 1-91 所示。
"图层"控制面板中分别生成新的图层，将它们命名为"云 1"和"云 2"，"图层"控制面板如
图 1-92 所示。

图 1-91

图 1-92

（9）在"图层"控制面板中选中"云 1"图层，并将其拖曳到"化妆品 1"图层的下方，"图层"控制面板如图 1-93 所示，图像窗口中的效果如图 1-94 所示。时尚彩妆类电商 Banner 制作完成。

图 1-93                              图 1-94

## 任务 1.3　　调整选区

在 Photoshop 中可以根据需要对选区进行增大、减小、羽化、反选等操作，从而达到制作要求。

### 1.3.1　增大或减小选区

选择多边形套索工具 ，在图像上绘制选区，如图 1-95 所示。再选择椭圆选框工具 ，按住 Shift 键的同时，按住鼠标左键并拖曳鼠标，绘制出圆形选区，如图 1-96 所示。增大后的选区效果如图 1-97 所示。

图 1-95                    图 1-96                    图 1-97

在图 1-95 所示选区的基础上，选择椭圆选框工具 ，按住 Alt 键的同时，按住鼠标左键并拖曳鼠标，绘制出椭圆选区，如图 1-98 所示。减小后的选区效果如图 1-99 所示。

图 1-98                    图 1-99

### 1.3.2 反选选区

选择"选择 > 反向"命令，或按 Shift+Ctrl+I 组合键，可以对当前的选区进行反向选取，效果如图 1-100、图 1-101 所示。

图 1-100　　　　　　　　　　　　　图 1-101

### 1.3.3 羽化选区

在图像中绘制选区，如图 1-102 所示。选择"选择 > 修改 > 羽化"命令，弹出"羽化选区"对话框，设置"羽化半径"值，如图 1-103 所示，单击"确定"按钮，选区被羽化。将选区反选，效果如图 1-104 所示，在选区中填充颜色，取消选区，效果如图 1-105 所示。

图 1-102　　　　　　　　　　　　　图 1-103

图 1-104　　　　　　　　　　　　　图 1-105

还可以在绘制选区前，在工具的属性栏中直接输入"羽化"值。此时，绘制的选区自动成为带有羽化边缘的选区。

### 1.3.4 取消选区

选择"选择 > 取消选择"命令，或按 Ctrl+D 组合键，可以取消选区。

### 1.3.5 移动选区

将鼠标指针放在选区中，鼠标指针变为 ▸ 形状，如图 1-106 所示。按住鼠标左键并拖曳鼠标，鼠标指针变为▶形状，可将选区拖曳到其他位置，如图 1-107 所示。释放鼠标，即可完成选区的移动，效果如图 1-108 所示。

| 图 1-106 | 图 1-107 | 图 1-108 |

当使用矩形选框工具和椭圆选框工具绘制选区时，不要释放鼠标，按住 Space 键的同时拖曳鼠标，即可移动选区。绘制出选区后，按方向键，可以将选区沿相应方向移动 1 像素；按 Shift+方向键，可以将选区沿相应方向移动 10 像素。

# 任务实践——制作商品详情页主图

图 1-109

【任务学习目标】学习使用选框工具绘制选区。

【任务知识要点】使用矩形选框工具、"变换选区"命令制作商品投影，使用移动工具添加装饰图片和文字，最终效果如图 1-109 所示。

【效果所在位置】项目 1/效果/制作商品详情页主图.psd。

（1）按 Ctrl+O 组合键，打开云盘中的"项目 1 > 素材 > 制作商品详情页主图 > 01、02"文件。选择移动工具 ✛，将"02"图片拖曳到"01"图像窗口中适当的位置，如图 1-110 所示，"图层"控制面板中生成新的图层，将其命名为"沙发"。选择矩形选框工具 ⬚，在图像窗口中绘制矩形选区，如图 1-111 所示。

| 图 1-110 | 图 1-111 |

（2）选择"选择 > 变换选区"命令，选区周围出现控制手柄，如图 1-112 所示，按住 Ctrl+Shift 组合键，拖曳左上角的控制手柄到适当的位置，如图 1-113 所示。使用相同的方法调整其他控制手柄，如图 1-114 所示。

（3）选区变换完成后，按 Enter 键确定操作，效果如图 1-115 所示。按 Shift+F6 组合键，弹出"羽化选区"对话框，选项的设置如图 1-116 所示，单击"确定"按钮。

图 1-112　　　　　　　图 1-113　　　　　　　图 1-114

图 1-115　　　　　　　　　　　图 1-116

（4）按住 Ctrl 键的同时，单击"图层"控制面板下方的"创建新图层"按钮 ⊞ ，在"沙发"图层下方新建图层并将其命名为"投影"。将前景色设为黑色。按 Alt+Delete 组合键，用前景色填充选区。按 Ctrl+D 组合键，取消选区，效果如图 1-117 所示。

（5）在"图层"控制面板上方，将"投影"图层的"不透明度"设为 40%，如图 1-118 所示，按 Enter 键确定操作，图像效果如图 1-119 所示。

图 1-117　　　　　　　图 1-118　　　　　　　图 1-119

（6）选中"沙发"图层。按 Ctrl+O 组合键，打开云盘中的"项目 1 > 素材 > 制作商品详情页主图 > 03"文件。选择移动工具 ✛ ，将"03"图片拖曳到"01"图像窗口中适当的位置，图像效果如图 1-120 所示，"图层"控制面板中生成新的图层，将其命名为"装饰"，如图 1-121 所示。商品详情页主图制作完成。

图 1-120　　　　　　　　　图 1-121

# 项目实践——制作旅游出行公众号首图

【项目知识要点】使用魔棒工具选取背景，使用移动工具添加天空和文字，使用椭圆选框工具制作装饰圆形，最终效果如图 1-122 所示。

【效果所在位置】项目 1/效果/制作旅游出行公众号首图.psd。

图 1-122

# 课后习题——制作橙汁广告

【习题知识要点】使用椭圆选区工具和"羽化"命令制作投影效果，使用魔棒工具选取图像，使用"反选"命令反选选区，使用移动工具移动选区中的图像，最终效果如图 1-123 所示。

【效果所在位置】项目 1/效果/制作橙汁广告.psd。

图 1-123

# 项目 2
# 绘制、修饰与编辑图像

## 项目引入

本项目主要介绍绘制、修饰和编辑图像的方法和技巧。通过对本项目的学习，读者可以应用画笔工具和"填充"命令制作出丰富多彩的图像效果；使用仿制图章工具、污点修复画笔工具、红眼工具等修复有缺陷的图像；掌握调整图像的尺寸、移动或复制图像、裁剪图像等的方法。

## 项目目标

- ✔ 掌握绘制图像的方法和技巧。
- ✔ 掌握修饰图像的方法和技巧。
- ✔ 熟练掌握编辑图像的方法和技巧。

## 技能目标

- ✔ 掌握美好生活公众号封面次图的制作方法。
- ✔ 掌握为茶具添加水墨画的方法。
- ✔ 掌握为产品添加标识的方法。

## 素养目标

- ✔ 培养准确观察和分析图像的能力。
- ✔ 培养对处理图像的兴趣。
- ✔ 养成不断实践和尝试积极探索的习惯。

## 任务 2.1　绘制图像

本任务将使用绘制图像的工具和命令绘制和编辑图像。

### 2.1.1　画笔工具

选择画笔工具 ✐，或反复按 Shift+B 组合键，其属性栏如图 2-1 所示。

图 2-1

⚫：用于选择和设置预设的画笔。⬛：单击该按钮，弹出"画笔设置"控制面板，可以在其中设置画笔。模式：用于选择绘画颜色与下面现有像素的混合模式。不透明度：用于设定画笔颜色的不透明度。⬛：可以对不透明度使用压力。流量：用于设定喷笔压力，压力越大，喷色越浓。⬛：用于启用喷枪模式。平滑：用于设置画笔边缘的平滑度。⚙：用于设置其他平滑度选项。⬛：使用压感笔压力，可以覆盖"画笔"面板中的"不透明度"和"大小"的设置。⬛：用于选择和设置绘画的对称选项。

在属性栏中单击"画笔预设"按钮，弹出图 2-2 所示的画笔选择面板，可以在其中选择画笔形状。拖曳"大小"选项下方的滑块或直接输入数值，可以设置画笔的大小。如果选择的画笔是基于样本的，将显示"恢复到原始大小"按钮 ↺，单击此按钮，可以使画笔恢复到初始大小。

单击画笔选择面板右上方的 ⚙ 按钮，弹出菜单，如图 2-3 所示。

新建画笔预设：用于创建新画笔。新建画笔组：用于创建新的画笔组。重命名画笔：用于重命名画笔。删除画笔：用于删除当前选中的画笔。画笔名称：在画笔选择面板中显示画笔名称。画笔描边：在画笔选择面板中显示画笔描边。画笔笔尖：在画笔选择面板中显示画笔笔尖。显示其他预设信息：在画笔选择面板中显示其他预设信息。显示近期画笔：在画笔选择面板中显示近期使用过的画笔。恢复默认画笔：用于恢复画笔的默认状态。导入画笔：用于将存储的画笔导入面板。导出选中的画笔：用于将选中的画笔导出。获取更多画笔：用于在官网上获取更多的画笔形状。转换后的旧版工具预设：将转换后的旧版工具预设画笔集恢复为画笔预设列表。旧版画笔：将旧版的画笔集恢复为画笔预设列表。

图 2-2　　　　　　图 2-3

### 2.1.2　铅笔工具

选择铅笔工具 ✏，或反复按 Shift+B 组合键，其属性栏如图 2-4 所示。

图 2-4

自动抹除：用于自动判断绘画时的起始点颜色，如果起始点颜色为背景色，则铅笔工具将以前景色进行绘制；如果起始点颜色为前景色，则铅笔工具会以背景色进行绘制。

### 2.1.3　渐变工具

选择渐变工具█，或反复按 Shift+G 组合键，其属性栏如图 2-5 所示。

图 2-5

█ 用于选择和编辑渐变颜色。█ █ █ █ █：用于选择渐变类型，包括线性渐变、径向渐变、角度渐变、对称渐变、菱形渐变。模式：用于选择着色的模式。不透明度：用于设定不透明度。反向：用于产生色彩渐变反向的效果。仿色：用于使渐变效果更平滑。透明区域：用于产生不透明度。

如果要自定义渐变类型和色彩，可单击"点按可编辑渐变"按钮█，在弹出的"渐变编辑器"对话框中进行设置，如图 2-6 所示。

在"渐变编辑器"对话框中单击颜色编辑框下方的适当位置，可以增加色标，如图 2-7 所示。在对话框下方的"颜色"选项中选择颜色，或双击刚建立的色标，弹出"拾色器"对话框，在其中选择适当的颜色，如图 2-8 所示，单击"确定"按钮，即可改变颜色。在"位置"选项的数值框中输入数值或直接拖曳色标，可以调整色标的位置。

图 2-6

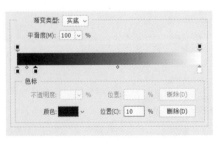

图 2-7

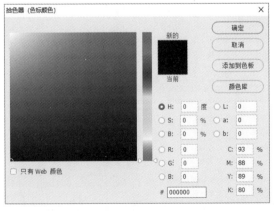

图 2-8

任意选择一个色标，如图 2-9 所示，单击对话框下方的 █ 删除(D) 按钮，或按 Delete 键，可以将色标删除，如图 2-10 所示。

图 2-9            图 2-10

在对话框中单击颜色编辑框左上方的黑色色标，如图 2-11 所示，调整"不透明度"选项的数值，可以使开始的颜色到结束的颜色显示为半透明的效果，如图 2-12 所示。

图 2-11            图 2-12

在对话框中单击颜色编辑框上方的适当位置，出现新的色标，如图 2-13 所示，调整"不透明度"选项的数值，可以使新色标的颜色向两边的颜色以半透明的效果过渡，如图 2-14 所示。如果想删除新的色标，可以单击对话框下方的 删除(D) 按钮，或按 Delete 键。

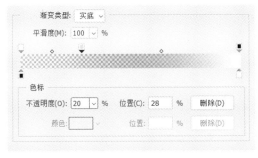
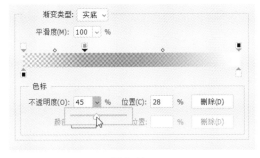

图 2-13            图 2-14

### 2.1.4   "填充"命令

选择"编辑 > 填充"命令，弹出"填充"对话框，如图 2-15 所示。

内容：用于选择填充内容，包括"前景色""背景色""颜色""内容识别""图案""历史记录""黑色""50%灰色""白色"选项。混合：用于设置填充模式和不透明度。

打开一幅图像，在图像窗口中绘制选区，如图 2-16 所示。选择"编辑 > 填充"命令，弹出"填充"对话框，在其中进行设置，如图 2-17 所示，单击"确定"按钮，效果如图 2-18 所示。

图 2-15

图 2-16

图 2-17

图 2-18

### 2.1.5 "定义图案"命令

在图像上绘制出要定义为图案的选区，如图 2-19 所示。选择"编辑 > 定义图案"命令，弹出"图案名称"对话框，修改图案名称，如图 2-20 所示，单击"确定"按钮，图案定义完成。删除选区中的图像，取消选区。

图 2-19

图 2-20

选择"编辑 > 填充"命令，弹出"填充"对话框，在"自定图案"选择框中选择新定义的图案，如图 2-21 所示，单击"确定"按钮，图案填充效果如图 2-22 所示。

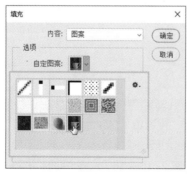

图 2-21

图 2-22

### 2.1.6 "描边"命令

选择"编辑 > 描边"命令，弹出"描边"对话框，如图 2-23 所示。

描边：用于设定边线的宽度和颜色。位置：用于设定所描边线相对于区域边缘的位置，包括"内部""居中""居外"3 个选项。混合：用于设置描边模式和不透明度。

选中要描边的图片，载入选区，如图 2-24 所示。选择"编辑 > 描边"命令，弹出"描边"对话框，在其中进行设置，如图 2-25 所示，单击"确定"按钮。按 Ctrl+D 组合键，取消选区，效果如图 2-26 所示。

图 2-23                          图 2-24

图 2-25                          图 2-26

# 任务实践——制作美好生活公众号封面次图

【任务学习目标】学习使用"定义画笔预设"命令和画笔工具制作公众号封面次图。

【任务知识要点】使用"定义画笔预设"命令定义画笔图像，使用画笔工具和"画笔设置"控制面板绘制装饰点，使用橡皮擦工具擦除多余的点，使用"高斯模糊"命令为装饰点添加模糊效果，最终效果如图 2-27 所示。

【效果所在位置】项目 2/效果/制作美好生活公众号封面次图.psd。

（1）按 Ctrl+O 组合键，打开云盘中的"项目 2 > 素材 > 制作美好生活公众号封面次图 > 01"文件，如图 2-28 所示。按 Ctrl+O 组合键，打开云盘中的"项目 2 > 素材 > 制作美好生活公众号封面次图 > 02"文件，按 Ctrl+A 组合键，全选选区，如图 2-29 所示。

图 2-27　　　　　　　图 2-28　　　　　　　图 2-29

（2）选择"编辑 > 定义画笔预设"命令，弹出"画笔名称"对话框，在"名称"文本框中输入
"点.psd"，如图 2-30 所示，单击"确定"按钮，将点图像定义为画笔。

（3）在"01"图像窗口中单击"图层"控制面板下方的"创建新图层"按钮，创建新的图层
并将其命名为"装饰点 1"。将前景色设为白色。选择画笔工具，在属性栏中单击"画笔预设"按
钮，在弹出的画笔选择面板中选择刚才定义的"点.psd"画笔，如图 2-31 所示。

图 2-30　　　　　　　　　　　　　　　　　图 2-31

（4）在属性栏中单击"切换画笔设置面板"按钮，弹出"画笔设置"控制面板，选择"形状动
态"选项，切换到相应的面板中进行设置，如图 2-32 所示；选择"散布"选项，切换到相应的面板
中进行设置，如图 2-33 所示；选择"传递"选项，切换到相应的面板中进行设置，如图 2-34 所示。

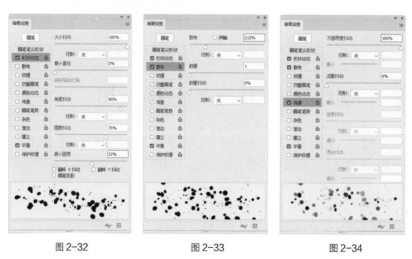

图 2-32　　　　　　　　　图 2-33　　　　　　　　　图 2-34

（5）在图像窗口中绘制装饰点，效果如图 2-35 所示。选择橡皮擦工具，在属性栏中单击"画

笔预设"按钮，在弹出的画笔选择面板中选择需要的形状，如图 2-36 所示。在图像窗口中拖曳擦除不需要的小圆点，效果如图 2-37 所示。

图 2-35　　　　　　　　　　图 2-36　　　　　　　　　　图 2-37

（6）选择"滤镜 > 模糊 > 高斯模糊"命令，在弹出的对话框中进行设置，如图 2-38 所示，单击"确定"按钮，效果如图 2-39 所示。用相同的方法绘制"装饰点 2"，效果如图 2-40 所示。美好生活公众号封面次图制作完成。

图 2-38　　　　　　　　　　图 2-39　　　　　　　　　　图 2-40

# 任务 2.2　修饰图像

使用仿制图章工具、修复画笔工具、污点修复画笔工具、修补工具和红眼工具等可以快速、有效地修复有缺陷的图像。

## 2.2.1　仿制图章工具

仿制图章工具可以以指定的像素点为复制基准点，将其周围的图像复制到其他地方。选择仿制图章工具 🖃，或反复按 Shift+S 组合键，其属性栏如图 2-41 所示。

图 2-41

流量：用于设定扩散的速度。对齐：用于控制是否在复制时使用对齐功能。

选择仿制图章工具 🖃，将鼠标指针放在图像中需要复制的位置，按住 Alt 键，鼠标指针变为 ⊕ 形状，如图 2-42 所示。单击选定取样点后，在合适的位置按住鼠标左键，拖曳鼠标，复制出取样点的图像，效果如图 2-43 所示。

图 2-42                                          图 2-43

### 2.2.2　修复画笔工具和污点修复画笔工具

使用修复画笔工具进行修复，可以使修复的效果十分自然。使用污点修复画笔工具可以快速去除图像中的污点和不理想的部分。

**1. 修复画笔工具**

选择修复画笔工具 ，或反复按 Shift+J 组合键，其属性栏如图 2-44 所示。

图 2-44

 ：用于选择和设置修复画笔。单击此按钮，可在弹出的面板中设置画笔的大小、硬度、间距、角度、圆度和压力大小，如图 2-45 所示。

模式：用于选择复制像素或填充图案与底图的混合模式。

源：用于设置修复区域的源。单击"取样"按钮后，按住 Alt 键，鼠标指针变为圆形十字图标，在图像中单击，确定样本的取样点，在图像中要修复的位置按住鼠标左键并拖曳鼠标，复制出取样点的图像；单击"图案"按钮后，在右侧的选项中选择系统预设图案或自定义图案来填充图像。

对齐：勾选此复选框，下一次的复制位置会和上次的完全重合，图像不会因为重新复制而出现错位。

图 2-45

样本：用于选择样本的取样图层。

 ：用于在修复时忽略调整图层。

扩散：用于调整扩散的程度。

修复画笔工具可以将取样点的像素信息非常自然地复制到图像的其他位置，并保留图像的亮度、饱和度、纹理等属性。使用修复画笔工具修复图像的过程如图 2-46、图 2-47、图 2-48 所示。

**2. 污点修复画笔工具**

污点修复画笔工具的工作方式与修复画笔工具相似，都是使用图像中的样本像素进行绘画，并将样本像素的纹理、光照、透明度和阴影等与所要修复的像素进行匹配。污点修复画笔工具不需要设定样本点，它会自动从所修复区域的周围取样。

选择污点修复画笔工具 ，或反复按 Shift+J 组合键，其属性栏如图 2-49 所示。

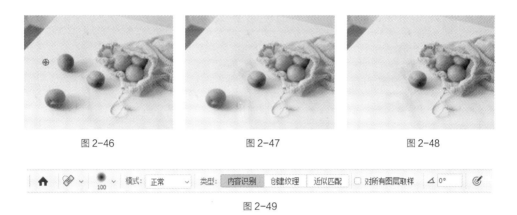

图 2-46            图 2-47            图 2-48

图 2-49

原始图像如图 2-50 所示。选择污点修复画笔工具 ，在属性栏中对工具进行设置，如图 2-51 所示。按住鼠标左键，在要修复的图像上拖曳，如图 2-52 所示。释放鼠标后，图像被修复，效果如图 2-53 所示。

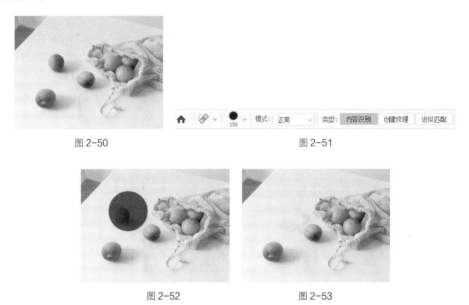

图 2-50                            图 2-51

图 2-52            图 2-53

### 2.2.3 修补工具

使用修补工具可以用图像中的其他区域来修补当前选中的需要修补的区域，也可以使用图案来进行修补。选择修补工具 ，或反复按 Shift+J 组合键，其属性栏如图 2-54 所示。

图 2-54

用修补工具 圈选图像中的区域，如图 2-55 所示。单击修补工具属性栏中的"源"按钮，在选区中按住鼠标左键，移动鼠标将选区中的图像拖曳到需要的位置，如图 2-56 所示。释放鼠标后，选区中的图像被新选取的图像修补，效果如图 2-57 所示。可以多次修复，再按 Ctrl+D 组合键取消选区。

图 2-55

图 2-56

图 2-57

单击修补工具属性栏中的"目标"按钮，用修补工具 圈选图像中的区域，如图 2-58 所示。将选区拖曳到要修补的图像区域，如图 2-59 所示，第一次选中的图像修补了水果图像，如图 2-60 所示。可以多次修复，再按 Ctrl+D 组合键取消选区。

图 2-58

图 2-59

图 2-60

### 2.2.4 红眼工具

使用红眼工具可去除拍照时由闪光灯造成的人物照片中的红眼，也可以去除由闪光灯造成的照片中的白色或绿色反光。

选择红眼工具 ，或反复按 Shift+J 组合键，其属性栏如图 2-61 所示。

图 2-61

瞳孔大小：用于设置瞳孔的大小。变暗量：用于设置瞳孔的暗度。

### 2.2.5 模糊工具和锐化工具

模糊工具用于使图像产生模糊效果，锐化工具用于使图像产生锐化效果。

**1. 模糊工具**

选择模糊工具 ，其属性栏如图 2-62 所示。

图 2-62

强度：用于设定压力的大小。对所有图层取样：用于确定模糊工具是否对所有可见图层起作用。

选择模糊工具 ，在属性栏中对工具进行设置，如图 2-63 所示。在图像中按住鼠标左键并拖曳鼠标，使图像产生模糊效果。原图像和模糊后的图像效果分别如图 2-64、图 2-65 所示。

图 2-63

 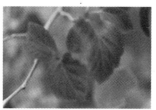

图 2-64                    图 2-65

**2. 锐化工具**

选择锐化工具 △ ，其属性栏如图 2-66 所示，其选项与模糊工具属性栏中的选项类似。

图 2-66

选择锐化工具 △ ，在属性栏中对工具进行设置，如图 2-67 所示。在图像中的叶片上按住鼠标左键并拖曳鼠标，使图像产生锐化效果，原图像和锐化后的图像效果分别如图 2-68、图 2-69 所示。

图 2-67

图 2-68                    图 2-69

## 2.2.6　加深工具和减淡工具

加深工具用于使图像产生加深效果，减淡工具用于使图像产生减淡效果。

**1. 加深工具**

选择加深工具 ，或反复按 Shift+O 组合键，其属性栏如图 2-70 所示。

图 2-70

范围：用于设定图像中要提高亮度的区域。曝光度：用于设定曝光的强度。

选择加深工具 ，在属性栏中对工具进行设置，如图 2-71 所示。在图像中的叶片上按住鼠标左键并拖曳鼠标，使图像产生加深效果，原图像和加深后的图像效果分别如图 2-72、图 2-73 所示。

图 2-71

图 2-72  图 2-73

**2. 减淡工具**

选择减淡工具 ，或反复按 Shift+O 组合键，其属性栏如图 2-74 所示。

图 2-74

选择减淡工具 ，在属性栏中对工具进行设置，如图 2-75 所示。在图像中按住鼠标左键并拖曳鼠标，使图像产生减淡的效果，如图 2-76 所示。

图 2-75

图 2-76

### 2.2.7 橡皮擦工具

选择橡皮擦工具 ，或反复按 Shift+E 组合键，其属性栏如图 2-77 所示。

图 2-77

抹到历史记录：用于设定以"历史记录"控制面板中确定的图像状态来擦除图像。

选择橡皮擦工具 ，在图像中按住鼠标左键并拖曳鼠标，可以擦除图像。当图层为背景图层或锁定了透明区域的图层时，擦除的图像显示为背景色，效果如图 2-78 所示；当图层为普通图层时，擦除的图像显示为透明效果，如图 2-79 所示。

图 2-78  图 2-79

# 任务实践——为茶具添加水墨画

【任务学习目标】学习使用修饰工具为茶具添加水墨画。

【任务知识要点】使用减淡工具、加深工具和模糊工具为茶具添加水墨画，最终效果如图 2-80 所示。

【效果所在位置】项目 2/效果/为茶具添加水墨画.psd。

（1）按 Ctrl+O 组合键，打开云盘中的"项目 2 > 素材 > 为茶具添加水墨画 > 01、02"文件。选择"01"图像窗口，选择钢笔工具 ，在属性栏的"选择工具模式"下拉列表中选择"路径"选项，在图像窗口中沿着茶壶轮廓绘制路径，如图 2-81 所示。

（2）按 Ctrl+Enter 组合键，将路径转换为选区，如图 2-82 所示。按 Ctrl+J 组合键，复制选区中的图像，"图层"控制面板中生成新的图层，将其命名为"茶壶"，如图 2-83 所示。

图 2-80            图 2-81            图 2-82            图 2-83

（3）选择移动工具 ，将"02"图片拖曳到"01"图像窗口中适当的位置，如图 2-84 所示，"图层"控制面板中生成新的图层，将其命名为"水墨画"。在控制面板上方将该图层的混合模式设为"正片叠底"，如图 2-85 所示，图像效果如图 2-86 所示。按 Alt+Ctrl+G 组合键，为图层创建剪贴蒙版，图像效果如图 2-87 所示。

图 2-84            图 2-85            图 2-86            图 2-87

（4）选择减淡工具 ，在属性栏中单击"画笔"按钮，在弹出的面板中选择需要的画笔形状，各选项的设置如图 2-88 所示，在图像窗口中进行涂抹，以弱化水墨画边缘，效果如图 2-89 所示。

图 2-88 图 2-89

（5）选择加深工具 ，在属性栏中单击"画笔"按钮，在弹出的面板中选择需要的画笔形状，各选项的设置如图 2-90 所示，在图像窗口中进行涂抹，以调暗水墨画暗部，图像效果如图 2-91 所示。

图 2-90 图 2-91

（6）选择模糊工具 ，在属性栏中单击"画笔"按钮，在弹出的面板中选择需要的画笔形状，各选项的设置如图 2-92 所示，在图像窗口中按住鼠标左键并拖曳鼠标，以模糊图像，效果如图 2-93 所示。完成为茶具添加水墨画的操作。

图 2-92 图 2-93

## 任务 2.3 编辑图像

Photoshop 提供了调整图像尺寸，移动、复制和删除图像，裁剪图像，变换图像等图像的基础编辑方法，使用户可以快速对图像进行适当的编辑和调整。

### 2.3.1 图像和画布尺寸的调整

根据制作过程中不同的需求，可以随时调整图像与画布的尺寸。

**1. 图像尺寸的调整**

打开图像，选择"图像 > 图像大小"命令，弹出"图像大小"对话框，如图 2-94 所示。

图像大小：通过改变"宽度"、"高度"和"分辨率"选项的数值，改变图像的大小，图像的文件大小也会相应改变。

⚙：单击此按钮，在弹出的菜单中选择"缩放样式"命令后，若在图像操作中添加了图层样式，可以在调整图像大小时自动缩放样式大小。

尺寸：显示图像的宽度和高度，单击尺寸右侧的按钮 ∨，可以改变计量单位。

调整为：在下拉列表中选取预设以调整图像大小。

约束比例 🔗：单击"宽度"和"高度"选项左侧的锁链图标 🔗 后，改变其中一项数值时，另一项的值会成比例地同时改变。

分辨率：指位图中的细节精细度，单位是像素/英寸。每英寸的像素越多，分辨率越高。

重新采样：不勾选此复选框，尺寸的数值将不会改变，"宽度""高度"和"分辨率"选项左侧将出现锁链图标 🔗，改变其中一项数值时，另外两项会相应改变，如图 2-95 所示。

图 2-94

图 2-95

在"图像大小"对话框中可以改变选项数值的计量单位，在选项右侧的下拉列表中进行选择，如图 2-96 所示。在"调整为"下拉列表中选择"自动分辨率"选项，弹出"自动分辨率"对话框，系统将自动调整图像的分辨率和品质，如图 2-97 所示。

图 2-96

图 2-97

**2. 画布尺寸的调整**

图像画布尺寸的大小是指当前图像周围的工作空间的大小。选择"图像 > 画布大小"命令，弹出"画布大小"对话框，如图 2-98 所示。

当前大小：显示当前文件的大小和尺寸。

新建大小：用于重新设定图像画布的大小。

定位：调整图像在新画布中的位置，可偏左、居中或位于右上角等，如图 2-99 所示。

画布扩展颜色：在此选项的下拉列表中可以选择填充图像周围扩展部分的颜色，可以选择前景色、背景色或 Photoshop 中的默认颜色，也可以自定义颜色。

图 2-98

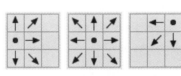

图 2-99

### 2.3.2　移动工具

使用移动工具可以将选区或图层移动到同一图像的新位置或其他图像中。

**1. 移动工具的选项**

选择移动工具 ✛ ，其属性栏如图 2-100 所示。

图 2-100

自动选择：在其下拉列表中选择"组"选项时，可直接选中所单击的非透明图像所在的图层组；在其下拉列表中选择"图层"选项时，在图像上单击即可直接选中鼠标指针所指的非透明图像所在的图层。

显示变换控件：勾选此复选框，选中对象的周围会显示变换框，如图 2-101 所示，此时属性栏如图 2-102 所示，拖动变换框上的任意控制手柄，可调整变换框的位置。

图 2-101

图 2-102

对齐按钮：单击"左对齐"按钮 ▣、"水平居中对齐"按钮 ▦、"右对齐"按钮 ▤、"顶对齐"按钮 ▥、"垂直居中对齐"按钮 ▦、"底对齐"按钮 ▦，可在图像中对齐选区或图层。

同时选中 4 个图层中的图形，在移动工具属性栏中勾选"显示变换控件"复选框，图形周围会显示变换框，如图 2-103 所示。单击属性栏中的"垂直居中对齐"按钮 ▦，图形的对齐效果如图 2-104 所示。

图 2-103

分布按钮：单击"按顶分布"按钮 ▦、"垂直居中分布"按钮 ▦、"按底分布"按钮 ▦、"按左分布"按钮 ▦、"水平居中分布"按钮 ▦、"按右分布"按钮 ▦，可以在图像中分布图层。

同时选中 7 个图层中的图形，在移动工具属性栏中勾选"显示变换控件"复选框，图形周围会显示变换框，单击属性栏中的"水平居中分布"按钮 ▦，图形的分布效果如图 2-105 所示。

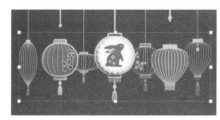

图 2-104                                        图 2-105

### 2. 移动图像

选择移动工具 ▣，在属性栏的"自动选择"下拉列表中选择"图层"选项。选中图形，如图 2-106 所示。图形所在图层被选中，将其向上拖曳到适当的位置，效果如图 2-107 所示。

图 2-106                                        图 2-107

打开一幅图像，在其中绘制选区，拖曳选区中的图像，鼠标指针变为 ▣ 形状，如图 2-108 所示。释放鼠标后，选区中的图像被移动，效果如图 2-109 所示。

图 2-108                                        图 2-109

**提示：** 背景图层是不可移动的。

### 2.3.3 图像的复制和删除

在编辑图像的过程中，可以对图像进行复制或删除操作，以提高操作速度、节省时间。

#### 1. 图像的复制

使用移动工具复制图像：选择快速选择工具 ，选中要复制的图像区域，如图 2-110 所示。选择移动工具 ，将鼠标指针放在选区中，鼠标指针变为 形状，如图 2-111 所示，按住 Alt 键，鼠标指针变为 形状，如图 2-112 所示。按住鼠标左键并拖曳鼠标，将选区中的图像移动到适当的位置，释放鼠标和 Alt 键，图像复制完成，效果如图 2-113 所示。

图 2-110

图 2-111

图 2-112

图 2-113

使用菜单命令复制图像：选中要复制的图像区域，选择"编辑 > 拷贝"命令或按 Ctrl+C 组合键，复制选区中的图像。屏幕上的图像并没有发生变化，但系统已将选中的图像复制到剪贴板中。

选择"编辑 > 粘贴"命令或按 Ctrl+V 组合键，将剪贴板中的图像粘贴在图像的新图层中，复制的图像在原图层的上方，如图 2-114 所示。选择移动工具 可以移动复制出的图像，效果如图 2-115 所示。

图 2-114

图 2-115

### 2. 图像的删除

在需要删除的图像上绘制选区，选择"编辑 > 清除"命令即可将选区中的图像删除。按 Ctrl+D 组合键，取消选区，效果如图 2-116 所示。

**提示：**删除后的图像区域由背景色填充。如果其下方有图层，删除后的图像区域将显示下面一层的图像。

在需要删除的图像上绘制选区，按 Delete 键或 Backspace 键，可以将选区中的图像删除。按 Alt+Delete 组合键或 Alt+Backspace 组合键，也可将选区中的图像删除，但删除后的图像区域由前景色填充。

图 2-116

## 2.3.4　裁剪工具和透视裁剪工具

使用裁剪工具可以在图像或图层中裁剪选定的区域。在拍摄高大的建筑时，由于视角较低，竖直的线条会向消失点集中，从而产生透视畸变，透视裁剪工具能够较好地解决这个问题。

### 1. 裁剪工具

选择裁剪工具 ，或按 C 键，其属性栏如图 2-117 所示。

图 2-117

比例 ：其下拉列表如图 2-118 所示，可以在其中选择、创建、保存或删除裁剪长宽比或分辨率。

：用于设置裁剪框的长宽比。

清除 ：用于清除长宽比值。

：单击此按钮后，可以通过在图像中绘制直线段来拉直图像。

：其下拉列表如图 2-119 所示，可以在其中设置裁剪工具的叠加选项。

：其下拉列表如图 2-120 所示，可以在其中设置裁剪模式、区域、预览、屏蔽等选项。

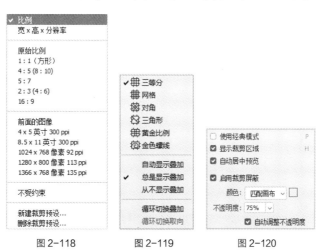

图 2-118　　　　图 2-119　　　　图 2-120

删除裁剪的像素：用于设置是否删除裁剪框外的像素。

内容识别：勾选此复选框后，可以用原始图像外的内容识别填充区域。

使用裁剪工具裁剪图像：打开一幅图像，选择裁剪工具 ，在图像中绘制矩形裁剪框，效果如

图 2-121 所示。在矩形裁剪框内双击或按 Enter 键，即可完成图像的裁剪，效果如图 2-122 所示。

图 2-121　　　　　　　　　　　图 2-122

使用菜单命令裁剪图像：选择矩形选框工具 ⬚，在图像窗口中绘制出要裁剪的图像区域，如图 2-123 所示。选择"图像 > 裁剪"命令，图像将按选区进行裁剪。按 Ctrl+D 组合键，取消选区，效果如图 2-124 所示。

图 2-123　　　　　　　　　　　图 2-124

### 2. 透视裁剪工具

选择透视裁剪工具 ⊞，或反复按 Shift+C 组合键，其属性栏如图 2-125 所示。

图 2-125

W/H：用于设置图像的宽度和高度。

分辨率：用于设置图像的分辨率。

前面的图像：用于在宽度、高度和分辨率文本框中显示当前图像的尺寸和分辨率；如果同时打开两个图像，则会显示另外一个图像的尺寸和分辨率。

显示网格：用于显示或隐藏网格线。

打开一幅图像，如图 2-126 所示，可以观察到图像是倾斜的，这是透视畸变的明显特征。选择透视裁剪工具 ⊞，在图像窗口中绘制矩形裁剪框，如图 2-127 所示。

图 2-126　　　　　　　　　　　图 2-127

将鼠标指针放置在裁剪框左下角的控制手柄上，按住 Shift 键的同时向上拖曳控制手柄，如图 2-128 所示。单击工具属性栏中的 ✔ 按钮或按 Enter 键，即可裁剪图像，效果如图 2-129 所示。

图 2-128          图 2-129

### 2.3.5 选区中图像的变换

在操作过程中，可以根据设计和制作需要变换已经绘制好的选区。

使用菜单命令对选区进行变换：在图像中绘制选区后，选择"编辑 > 自由变换/变换"命令，可以对图像的选区进行各种变换。"变换"子菜单中的命令及其对应的效果如图 2-130 所示。

"变换"子菜单          原图像          缩放          旋转          斜切

扭曲          透视          变形          水平拆分变形

垂直拆分变形          交叉拆分变形          移去变形拆分          旋转 180 度

图 2-130

| 顺时针旋转90度 | 逆时针旋转90度 | 水平翻转 | 垂直翻转 |

图 2-130（续）

使用工具对选区进行变换：在图像中绘制选区，按 Ctrl+T 组合键，选区周围出现控制手柄，拖曳控制手柄，可以对图像中的选区进行等比例缩放。按住 Shift 键的同时拖曳控制手柄，可以自由缩放图像中的选区。按住 Ctrl 键的同时任意拖曳变换框的 4 个顶角处的控制手柄，可以使图像斜切变形。按住 Alt 键的同时任意拖曳变换框的 4 个顶角处的控制手柄，可以使图像对称变形。按住 Shift+Ctrl 组合键，拖曳变换框中间的控制手柄，可以使图像任意变形。按住 Alt+Ctrl 组合键，任意拖曳变换框的 4 个顶角处的控制手柄，可以使图像透视变形。按住 Shift+Ctrl+T 组合键，可以再次应用上一次使用过的变换命令。

如果在变换后仍要保留原图像的内容，可以按 Alt+Ctrl+T 组合键，选区周围出现控制手柄，向选区外拖曳选区中的图像，会复制出新的图像，原图像的内容将被保留。

# 任务实践——为产品添加标识

【任务学习目标】学习使用自定形状工具和"形状"控制面板添加标识。

【任务知识要点】使用自定形状工具、"转换为智能对象"命令和变换命令添加标识，使用图层样式制作标识投影效果，最终效果如图 2-131 所示。

【效果所在位置】项目 2/效果/为产品添加标识.psd。

图 2-131

（1）按 Ctrl+N 组合键，弹出"新建文档"对话框，设置宽度为 800 像素，高度为 800 像素，分辨率为 72 像素/英寸，颜色模式为 RGB，背景内容为白色，单击"创建"按钮新建文件。

（2）按 Ctrl+O 组合键，打开云盘中的"项目 2 > 素材 > 为产品添加标识 > 01"文件。选择移动工具 ⊕，将"01"图片拖曳到新建图像窗口中适当的位置并调整其大小，如图 2-132 所示。"图层"控制面板中生成新的图层，将其命名为"产品"。

（3）选择"窗口 > 形状"命令，弹出"形状"控制面板。单击"形状"控制面板右上方的 ≡ 图标，弹出面板菜单，在其中选择"旧版形状及其他"命令即可在"形状"控制面板中添加旧版本的形状，如图 2-133 所示。

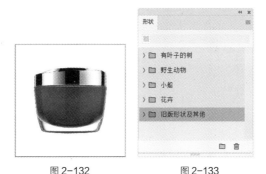

图 2-132　　　　　　　　　图 2-133

（4）选择自定形状工具 ⚘，单击属性栏中的"形状"按钮，弹出形状面板，在"旧版形状及其他 > 所有旧版默认形状 > 旧版默认形状"中选择需要的图形，如图 2-134 所示。在属性栏的"选择工具模式"下拉列表中选择"形状"选项，在图像窗口中适当的位置绘制图形，如图 2-135 所示，"图层"控制面板中生成新的形状图层，将其命名为"标识"。

图 2-134　　　　　　　　　图 2-135

（5）在"标识"图层上单击鼠标右键，在弹出的菜单中选择"转换为智能对象"命令，将形状图层转换为智能对象图层，如图 2-136 所示。按 Ctrl+T 组合键，图像周围出现变换框，在变换框中单击鼠标右键，在弹出的菜单中选择"变形"命令，拖曳控制手柄调整形状，按 Enter 键确定操作，效果如图 2-137 所示。

图 2-136　　　　　　　　　图 2-137

（6）双击"标识"图层的缩览图，将智能对象在新窗口中打开，如图 2-138 所示。按 Ctrl+O 组合键，打开云盘中的"项目 2 > 素材 > 为产品添加标识 > 02"文件。选择移动工具 ✛，将"02"图片拖曳到标识图像窗口中适当的位置并调整其大小，效果如图 2-139 所示。

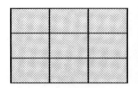

图 2-138          图 2-139

（7）单击"标识"图层左侧的眼睛图标 ◉，隐藏该图层，如图 2-140 所示。按 Ctrl+S 组合键，存储图像并关闭文件。返回新建的图像窗口中，图像效果如图 2-141 所示。

图 2-140          图 2-141

（8）单击"图层"控制面板下方的"添加图层样式"按钮 fx，在弹出的菜单中选择"投影"命令，弹出"图层样式"对话框，各选项的设置如图 2-142 所示，单击"确定"按钮，图像效果如图 2-143 所示。

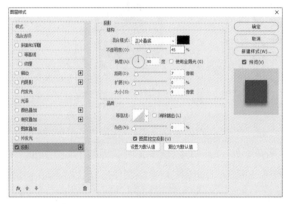    

图 2-142          图 2-143

（9）按 Ctrl+O 组合键，打开云盘中的"项目 2 > 素材 > 为产品添加标识 > 03"文件。选择移动工具 ✛，将"03"图片拖曳到新建图像窗口中适当的位置，如图 2-144 所示，"图层"控制面板中生成新的图层，将其命名为"边框"，如图 2-145 所示。完成为产品添加标识的操作。

图 2-144          图 2-145

# 项目实践——制作房屋地产类公众号信息图

【项目知识要点】使用裁剪工具裁剪图像，使用移动工具移动图像，最终效果如图 2-146 所示。

【效果所在位置】项目 2/效果/制作房屋地产类公众号信息图.psd。

共同打造一个温馨的小家庭

万事轩华府65m²-139m²精装套房

客户服务热线
400 68** 98**

楼盘地址
北阳市堂站区北行地一大道3区

图 2-146

# 课后习题——制作美妆教学类公众号封面首图

【习题知识要点】使用缩放工具调整图像大小，使用仿制图章工具修饰碎发，使用加深工具修饰头发和嘴唇，使用减淡工具修饰脸部，最终效果如图 2-147 所示。

【效果所在位置】项目 2/效果/制作美妆教学类公众号封面首图.psd。

图 2-147

# 项目 3
# 路径与图形

## 项目引入

本项目主要介绍路径和图形的绘制方法及应用技巧。通过对本项目的学习，读者可以快速地绘制出所需路径，并对路径进行修改和编辑；还可使用绘图工具绘制出各种图形，提高图像的制作效率。

## 项目目标

- ✔ 了解路径的概念。
- ✔ 掌握钢笔工具的使用方法。
- ✔ 掌握编辑路径的方法和技巧。
- ✔ 掌握绘图工具的使用方法。

## 技能目标

- ✔ 掌握箱包 App 主页 Banner 的制作方法。
- ✔ 掌握食物宣传卡的制作方法。
- ✔ 掌握家居装饰类公众号插画的绘制方法。

## 素养目标

- ✔ 培养准确地绘制、编辑和操作路径与图形的能力。
- ✔ 通过逐步提高复杂度，提高绘制和编辑路径与图形的能力。
- ✔ 培养细心观察和处理细节的能力。

## 任务 3.1　路径概述

路径是基于贝塞尔曲线创建的矢量图形。使用路径可以进行复杂图像的选取，可以存储选取区域以备再次使用，还可以绘制线条平滑的优美图形。和路径相关的概念有锚点、直线点、曲线点、直线段、曲线段、端点，如图 3-1 所示。

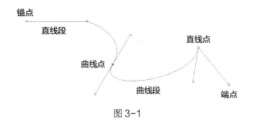

图 3-1

锚点：由钢笔工具创建，是路径中两条线段的交点，路径是由锚点组成的。

直线段：选择钢笔工具后，在图像中单击两个不同的位置，两点之间将创建一条直线段。

曲线点：曲线点是带有两个独立调节手柄的锚点，是两条曲线段之间的连接点，拖动调节手柄可以改变曲线段的弧度。

曲线段：拖曳曲线点可以创建曲线段。

直线点：按住 Alt 键的同时单击刚创建的锚点，可以将锚点转换为带有一个独立调节手柄的直线点。直线点是直线段与曲线段的连接点。

端点：路径的结束点。

### 3.1.1　钢笔工具

钢笔工具用于抠出复杂的图像，还可以用于绘制各种路径图形。选择钢笔工具 ，或反复按 Shift+P 组合键，其属性栏如图 3-2 所示。

图 3-2

与钢笔工具相配合的功能键如下。

按住 Shift 键创建锚点时，系统以 45° 角或 45° 角的倍数绘制路径。

按住 Alt 键，当鼠标指针移到锚点上时，钢笔工具 暂时转换为转换点工具 。

按住 Ctrl 键，钢笔工具 暂时转换成直接选择工具 。

### 3.1.2　绘制直线段

创建新的图像文件，选择钢笔工具 ，在属性栏的"选择工具模式"下拉列表中选择"路径"选项，绘制的将是路径；选择"形状"选项，将绘制出形状图层。勾选"自动添加/删除"复选框，属性栏状态如图 3-3 所示。

图 3-3

在图像中任意位置单击，创建一个锚点，将鼠标指针移动到其他位置后单击，创建第 2 个锚点，两个锚点之间自动以直线段连接，如图 3-4 所示。再将鼠标指针移动到其他位置并单击，创建第 3 个锚点，系统将在第 2 个和第 3 个锚点之间生成一条新的直线路径，如图 3-5 所示。

图 3-4 　　　　　　　　　　　　图 3-5

### 3.1.3　绘制曲线

　　选择钢笔工具 [图]，在新建立的锚点上按住鼠标左键不放，拖曳鼠标，将创建曲线段和曲线点，如图 3-6 所示。释放鼠标，按住 Alt 键的同时，单击刚刚创建的曲线点，如图 3-7 所示，可将其转换为直线点。在其他位置再次单击创建下一个锚点，可在曲线段后绘制出直线段，如图 3-8 所示。

图 3-6 　　　　　　　　　　图 3-7 　　　　　　　　　　图 3-8

# 任务实践——制作箱包 App 主页 Banner

　　【任务学习目标】学习使用不同的绘制工具绘制并调整路径。

　　【任务知识要点】使用钢笔工具、添加锚点工具绘制路径，使用选区和路径的转换命令对选区和路径进行转换，使用移动工具添加包包和文字，使用椭圆选框工具和填充命令制作投影效果，最终效果如图 3-9 所示。

　　【效果所在位置】项目 3/效果/制作箱包 App 主页 Banner.psd。

图 3-9

　　（1）按 Ctrl+O 组合键，打开云盘中的"项目 3 > 素材 > 制作箱包 App 主页 Banner > 01"文件，如图 3-10 所示。选择钢笔工具 [图]，在属性栏的"选择工具模式"下拉列表中选择"路径"选项，在图像窗口中沿着实物轮廓绘制路径，如图 3-11 所示。

　　（2）按住 Ctrl 键，钢笔工具 [图] 转换为直接选择工具 [图]，如图 3-12 所示。拖曳路径中的锚点改变路径的弧度，如图 3-13 所示。

图 3-10　　　　　　　　图 3-11　　　　　　　　图 3-12　　　　　　　　图 3-13

（3）将鼠标指针移动到路径上，钢笔工具 ✍ 转换为添加锚点工具 ✍ ，如图 3-14 所示，在路径上单击以添加锚点，如图 3-15 所示。按住 Ctrl 键，钢笔工具 ✍ 转换为直接选择工具 ▹ ，拖曳路径中的锚点改变路径的弧度，如图 3-16 所示。

图 3-14　　　　　　　　　　图 3-15　　　　　　　　　　图 3-16

（4）用相同的方法调整路径，效果如图 3-17 所示。单击属性栏中的"路径操作"按钮 ▣ ，在弹出的菜单中选择"排除重叠形状"命令，在适当的位置再次绘制多条路径，如图 3-18 所示。按 Ctrl+Enter 组合键，将路径转换为选区，如图 3-19 所示。

图 3-17　　　　　　　　　　图 3-18　　　　　　　　　　图 3-19

（5）按 Ctrl+N 组合键，弹出"新建文档"对话框，设置宽度为 750 像素，高度为 200 像素，分辨率为 72 像素/英寸，颜色模式为 RGB，背景内容为浅蓝色（232、239、248），单击"确定"按钮新建文件。

（6）选择移动工具 ✛ ，将选区中的图像拖曳到新建的图像窗口中，图像效果如图 3-20 所示，"图层"控制面板中生成新的图层，将其命名为"包包"。按 Ctrl+T 组合键，图像周围出现变换框，拖曳控制手柄，调整图像的大小和位置，按 Enter 键确定操作，图像效果如图 3-21 所示。

图 3-20　　　　　　　　　　　　　　　　　　图 3-21

（7）新建图层并将其命名为"投影"。将前景色设为黑色。选择椭圆选框工具 ⬭，在属性栏中将"羽化"值设为 5 像素，在图像窗口中绘制椭圆选区。按 Alt+Delete 组合键，用前景色填充选区。按 Ctrl+D 组合键，取消选区，图像效果如图 3-22 所示。在"图层"控制面板中将"投影"图层拖曳到"包包"图层的下方，图像效果如图 3-23 所示。

（8）选择"包包"图层。按 Ctrl+O 组合键，打开云盘中的"项目 3 > 素材 > 制作箱包 App 主页 Banner > 02"文件。选择移动工具 ✛，将"02"图片中的图像拖曳到新建的图像窗口中适当的位置，图像效果如图 3-24 所示，"图层"控制面板中生成新的图层，将其命名为"文字"。箱包 App 主页 Banner 制作完成。

图 3-22　　　　　　　　　　图 3-23　　　　　　　　　　　　图 3-24

## 任务 3.2　　编辑路径

可以通过添加锚点、删除锚点以及使用转换点工具、路径选择工具和直接选择工具对已有的路径进行调整。

### 3.2.1　添加锚点工具和删除锚点工具

**1. 添加锚点工具**

选择钢笔工具 ✐，将鼠标指针移动到路径上，若当前此处没有锚点，则钢笔工具 ✐ 将转换成添加锚点工具 ✐₊，如图 3-25 所示。在路径上单击可以添加锚点，效果如图 3-26 所示。

图 3-25　　　　　　　　　　图 3-26

选择钢笔工具 ✐，将鼠标指针移动到路径上，若当前此处没有锚点，则钢笔工具 ✐ 将转换成添加锚点工具 ✐₊，如图 3-27 所示。按住鼠标左键，向上拖曳鼠标，可以建立曲线段和曲线点，效果如图 3-28 所示。

提示：也可以直接选择添加锚点工具 ✐₊ 来完成添加锚点的操作。

图 3-27 图 3-28

**2. 删除锚点工具**

选择钢笔工具 ![pen] ，将鼠标指针放到直线路径的锚点上，钢笔工具 ![pen] 转换成删除锚点工具 ![pen] ，如图 3-29 所示。单击锚点即可将其删除，效果如图 3-30 所示。

选择钢笔工具 ![pen] ，将鼠标指针放到曲线路径的锚点上，钢笔工具 ![pen] 转换成删除锚点工具 ![pen] ，如图 3-31 所示。单击锚点即可将其删除，效果如图 3-32 所示。

图 3-29 图 3-30

图 3-31 图 3-32

### 3.2.2 转换点工具

选择转换点工具后单击或拖曳锚点可将其转换成直线点或曲线点，拖曳锚点上的调节手柄可以改变线段的弧度。

使用钢笔工具 ![pen] 在图像中绘制三角形路径，如图 3-33 所示。当要闭合路径时，鼠标指针变为 ![cursor] 形状，单击即可闭合路径，完成三角形路径的绘制，如图 3-34 所示。

图 3-33 图 3-34

选择转换点工具 ⊿，将鼠标指针放置在三角形路径上方的锚点上，如图 3-35 所示，将其向左侧拖曳，形成曲线点，如图 3-36 所示。使用相同的方法将三角形路径上其他的锚点转换为曲线点，如图 3-37 所示。转换完成后，路径如图 3-38 所示。

图 3-35 　　　　　　　　　　图 3-36

图 3-37 　　　　　　　　　　图 3-38

### 3.2.3　路径选择工具和直接选择工具

**1. 路径选择工具**

路径选择工具用于选择路径，以便对其进行移动、组合、对齐、分布和变形等操作。选择路径选择工具 ▶，或反复按 Shift+A 组合键，其属性栏如图 3-39 所示。

图 3-39

**2. 直接选择工具**

直接选择工具用于移动路径中的锚点或线段，还可以调整调节手柄。路径的原始效果如图 3-40 所示，选择直接选择工具 ▶，拖曳路径中的锚点以改变路径的弧度，如图 3-41 所示。

图 3-40 　　　　　　　　　　图 3-41

### 3.2.4　"填充路径"命令

在图像中创建路径，如图 3-42 所示。单击"路径"控制面板右上方的 ☰ 图标，在弹出的面板菜单中选择"填充路径"命令，弹出"填充路径"对话框，在其中进行设置，如图 3-43 所示。单击"确定"按钮，用前景色填充路径的效果如图 3-44 所示。

图 3-42　　　　　　　　　图 3-43　　　　　　　　　图 3-44

　　内容：用于设定使用的填充颜色或图案。

　　模式：用于设定混合模式。

　　不透明度：用于设定填充的不透明度。

　　保留透明区域：用于保留图像中的透明区域。

　　羽化半径：用于设定柔化边缘的数值。

　　消除锯齿：用于清除边缘的锯齿。

　　单击"路径"控制面板下方的"用前景色填充路径"按钮 ●，即可填充路径。按住 Alt 键的同时，单击"用前景色填充路径"按钮 ●，将弹出"填充路径"对话框。

### 3.2.5　"描边路径"命令

　　在图像中创建路径，如图 3-45 所示。单击"路径"控制面板右上方的 ≡ 图标，在弹出的面板菜单中选择"描边路径"命令，弹出"描边路径"对话框，在"工具"下拉列表中选择"画笔"选项，如图 3-46 所示。此下拉列表中共有 19 种工具可以选择，如果在工具箱中选择了画笔工具，该工具将自动出现在此处。另外，在画笔工具属性栏中设定的画笔类型也将直接影响此处的描边效果。设置好后，单击"确定"按钮，描边路径的效果如图 3-47 所示。

图 3-45　　　　　　　　　图 3-46　　　　　　　　　图 3-47

　　提示：如果对路径进行描边时没有取消对路径的选定，则描边路径变为描边子路径，即只对选中的子路径进行描边。

　　单击"路径"控制面板下方的"用画笔描边路径"按钮 ○，即可描边路径。按住 Alt 键的同时，单击"用画笔描边路径"按钮 ⊙，将弹出"描边路径"对话框。

# 任务实践——制作食物宣传卡

【任务学习目标】学习使用不同的绘制工具绘制并调整路径。

【任务知识要点】使用钢笔工具、添加锚点工具、转换点工具和直接选择工具绘制路径，使用椭圆选框工具和羽化命令制作阴影效果，最终效果如图 3-48 所示。

【效果所在位置】项目 3/效果/制作食物宣传卡.psd。

图 3-48

（1）按 Ctrl+O 组合键，打开云盘中的"项目 3 > 素材 > 制作食物宣传卡 > 01"文件，如图 3-49 所示。选择钢笔工具 ⊘，在属性栏的"选择工具模式"下拉列表中选择"路径"选项，在图像窗口中沿着蛋糕轮廓绘制路径，如图 3-50 所示。

（2）选择钢笔工具 ⊘，按住 Ctrl 键，钢笔工具 ⊘ 转换为直接选择工具 ▸，拖曳路径中的锚点改变路径的弧度，拖曳调节手柄改变线段的弧度，效果如图 3-51 所示。将鼠标指针移动到建立好的路径上，若当前路径上没有锚点，则钢笔工具 ⊘ 转换为添加锚点工具 ⊘，如图 3-52 所示，在路径上单击添加一个锚点。

图 3-49　　　　　图 3-50　　　　　图 3-51　　　　　图 3-52

（3）选择转换点工具 ⅃，按住 Alt 键的同时拖曳手柄，可以调节任意一个手柄，如图 3-53 所示。用上述方法将路径调整为更贴近蛋糕的形状，效果如图 3-54 所示。

（4）单击"路径"控制面板下方的"将路径作为选区载入"按钮 ⊙，将路径转换为选区，如图 3-55 所示。按 Ctrl+O 组合键，打开云盘中的"项目 3 > 素材 > 制作食物宣传卡 > 02"文件。选择移动工具 ⊕，将"01"图像选区中的图像拖曳到"02"图像窗口中，如图 3-56 所示，"图层"控制面板中生成新的图层，将其命名为"蛋糕"。

图 3-53　　　　　　图 3-54　　　　　　图 3-55　　　　　　图 3-56

（5）新建图层并将其命名为"投影"。将前景色设为咖啡色（75、34、0）。选择椭圆选框工具 ○，在图像窗口中绘制椭圆选区，如图 3-57 所示。按 Shift+F6 组合键，弹出"羽化选区"对话框，各选项的设置如图 3-58 所示，单击"确定"按钮，羽化选区。

（6）按 Alt+Delete 组合键，用前景色填充选区。按 Ctrl+D 组合键，取消选区，效果如图 3-59 所示。在"图层"控制面板中将"投影"图层拖曳到"蛋糕"图层的下方，效果如图 3-60 所示。

图 3-57　　　　　　图 3-58　　　　　　图 3-59　　　　　　图 3-60

（7）按住 Shift 键的同时选取"蛋糕"图层和"投影"图层。按 Ctrl+E 组合键，合并图层，如图 3-61 所示。连续两次将"蛋糕"图层拖曳到"图层"控制面板下方的"创建新图层"按钮 □ 上进行复制，生成新的图层，如图 3-62 所示。分别选择复制出的图层，将其拖曳到适当的位置并调整其大小，效果如图 3-63 所示。食物宣传卡制作完成。

图 3-61　　　　　　　　图 3-62　　　　　　　　图 3-63

**任务 3.3　　绘图工具**

绘图工具包括矩形工具、圆角矩形工具、椭圆工具、多边形工具、直线工具以及自定形状工具，使用这些工具可以绘制出多样的图形。

### 3.3.1　矩形工具

选择矩形工具 ，或反复按 Shift+U 组合键，其属性栏如图 3-64 所示。

图 3-64

：用于选择工具的模式，包括"形状""路径""像素"3 种模式。

：用于设置矩形的填充色、描边色、描边宽度和描边类型。

：用于设置矩形的宽度和高度。

：用于设置路径的组合方式、对齐方式和排列方式。

：用于设置所绘制矩形的形状。

对齐边缘：用于设置是否对齐边缘。

原始图像效果如图 3-65 所示。在图像中绘制矩形，效果如图 3-66 所示，"图层"控制面板如图 3-67 所示。

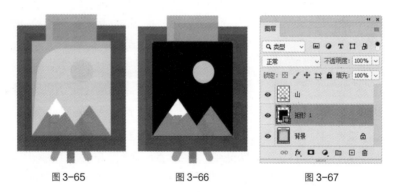

图 3-65　　　　　　图 3-66　　　　　　　图 3-67

### 3.3.2　圆角矩形工具

选择圆角矩形工具 ，或反复按 Shift+U 组合键，其属性栏如图 3-68 所示。该属性栏中的选项与矩形工具属性栏中的选项类似，只增加了"半径"选项，用于设定圆角矩形的平滑程度，数值越大，圆角矩形越平滑。

图 3-68

在属性栏中将"半径"值设为 20 像素，在图像中绘制圆角矩形，效果如图 3-69 所示，"图层"控制面板如图 3-70 所示。

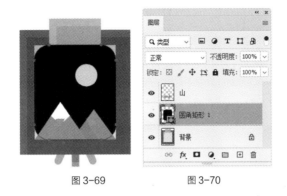

图 3-69                          图 3-70

### 3.3.3 椭圆工具

选择椭圆工具 ◯ ，或反复按 Shift+U 组合键，其属性栏如图 3-71 所示。

图 3-71

在图像中绘制椭圆，效果如图 3-72 所示，"图层"控制面板如图 3-73 所示。

### 3.3.4 多边形工具

选择多边形工具 ◯ ，或反复按 Shift+U 组合键，其属性栏如图 3-74 所示。该属性栏中的选项与矩形工具属性栏中的选项类似，只增加了"边"选项，用于设定多边形的边数。

单击属性栏中的 ⚙ 按钮，在弹出的面板中进行设置，如图 3-75 所示，在图像中绘制多边形，效果如图 3-76 所示，"图层"控制面板如图 3-77 所示。

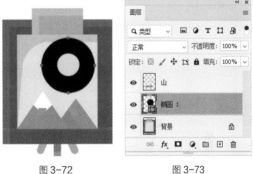

图 3-72                          图 3-73

图 3-74

图 3-75                图 3-76                图 3-77

### 3.3.5　直线工具

选择直线工具 /，或反复按 Shift+U 组合键，其属性栏如图 3-78 所示。该属性栏中的选项与矩形工具属性栏中的选项类似，只增加了"粗细"选项，用于设定直线段的宽度。

图 3-78

单击属性栏中的 ⚙ 按钮，弹出面板，如图 3-79 所示。起点：用于设置箭头位于线段的始端。终点：用于设置箭头位于线段的末端。宽度：用于设定箭头宽度与线段宽度的比值。长度：用于设定箭头长度与线段长度的比值。凹度：用于设定箭头凹凸的形状。

在图像中绘制不同效果的箭头，如图 3-80 所示，"图层"控制面板如图 3-81 所示。

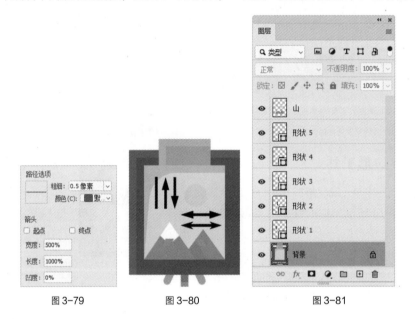

图 3-79　　　　　　图 3-80　　　　　　图 3-81

### 3.3.6　自定形状工具

选择自定形状工具 ⬚，或反复按 Shift+U 组合键，其属性栏如图 3-82 所示。该属性栏中的选项与矩形工具属性栏中的选项类似，只增加了"形状"选项，用于选择所需的形状。

图 3-82

单击"形状"选项，弹出图 3-83 所示的形状面板，该面板中存储了各种不规则形状。在图像中绘制形状，效果如图 3-84 所示，"图层"控制面板如图 3-85 所示。

使用钢笔工具 ⬚ 在图像窗口中绘制并填充路径，如图 3-86 所示。选择"编辑 > 定义自定形状"命令，弹出"形状名称"对话框，在"名称"文本框中输入自定形状的名称，如图 3-87 所示，单击"确定"按钮，形状面板中会显示刚才定义的形状，如图 3-88 所示。

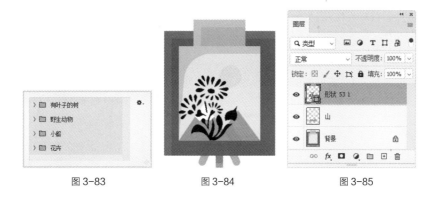

图 3-83

图 3-84

图 3-85

图 3-86

图 3-87

图 3-88

# 任务实践——绘制家居装饰类公众号插画

【任务学习目标】学习使用不同的绘图工具、"属性"控制面板绘制各种图形，使用路径选择工具调整图形位置。

【任务知识要点】使用圆角矩形工具、路径选择工具和"属性"控制面板绘制床头，使用矩形工具和"属性"控制面板绘制床尾，使用直线工具绘制地平线，效果如图 3-89 所示。

【效果所在位置】项目 3/效果/绘制家居装饰类公众号插画.psd。

（1）按 Ctrl+N 组合键，弹出"新建文档"对话框，设置宽度为 1000 像素，高度为 1000 像素，分辨率为 72 像素/英寸，颜色模式为 RGB 颜色，背景内容为白色，单击"创建"按钮新建文件。

图 3-89

（2）单击"图层"控制面板下方的"创建新组"按钮 ◻ ，创建新的图层组并将其命名为"床"。选择圆角矩形工具 ◻ ，在属性栏的"选择工具模式"下拉列表中选择"形状"选项，将填充颜色设为浅黄色（255、231、178），描边颜色设为灰蓝色（85、110、127），描边宽度设为 14 像素，半径设为 70 像素；在图像窗口中绘制一个圆角矩形，效果如图 3-90 所示。"图层"控制面板中生成新的形状图层"圆角矩形 1"。

（3）选择圆角矩形工具 ◻ ，在属性栏中将"半径"值设为 30 像素，在图像窗口中绘制一个圆角矩形，在属性栏中将填充颜色设为草绿色（220、243、222），效果如图 3-91 所示。"图层"控制面板中生成新的形状图层"圆角矩形 2"。

（4）选择路径选择工具 ▶ ，按住 Alt+Shift 组合键的同时，水平向右拖曳小的圆角矩形到适当的位置，复制圆角矩形，效果如图 3-92 所示。选中"圆角矩形 1"形状图层。按 Ctrl+J 组合键，复制"圆角矩形 1"形状图层，生成新的形状图层"圆角矩形 1 拷贝"，如图 3-93 所示。

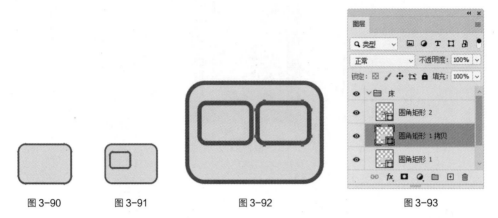

| 图 3-90 | 图 3-91 | 图 3-92 | 图 3-93 |

（5）按 Ctrl+T 组合键，图像周围出现变换框，在属性栏中单击"保持长宽比"按钮 ∞，取消锁定长宽比。向下拖曳圆角矩形上边中间的控制手柄到适当的位置，调整其大小，效果如图 3-94 所示。向上拖曳圆角矩形下边中间的控制手柄到适当的位置，调整其大小，效果如图 3-95 所示。按 Enter 键确定操作。

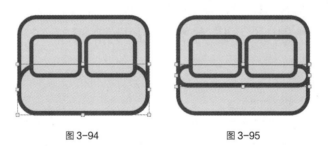

| 图 3-94 | 图 3-95 |

（6）选择"窗口 > 属性"命令，弹出"属性"控制面板，将填色设为浅洋红色（255、182、166），半径均设为 35 像素，其他选项的设置如图 3-96 所示；按 Enter 键确定操作，效果如图 3-97 所示。按 Shift+Ctrl+] 组合键，将圆角矩形置于顶层，效果如图 3-98 所示。

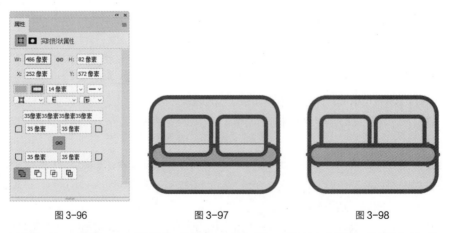

| 图 3-96 | 图 3-97 | 图 3-98 |

（7）选择矩形工具 □，在属性栏的"选择工具模式"下拉列表中选择"形状"选项，在图像窗

口中绘制一个矩形。将填充颜色设为浅黄色（255、231、178），描边颜色设为灰蓝色（85、110、127），描边宽度设为 14 像素，效果如图 3-99 所示。"图层"控制面板中生成新的形状图层"矩形 1"。

（8）在"属性"控制面板中进行设置，如图 3-100 所示，按 Enter 键确定操作，效果如图 3-101 所示。

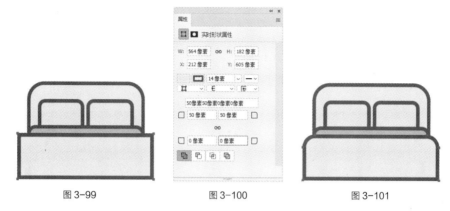

图 3-99　　　　　　　　　图 3-100　　　　　　　　　图 3-101

（9）按 Ctrl+J 组合键，复制"矩形 1"形状图层，生成新的形状图层"矩形 1 拷贝"，如图 3-102 所示。按 Ctrl+T 组合键，图像周围出现变换框，向下拖曳矩形上边中间的控制手柄到适当的位置，调整其大小，效果如图 3-103 所示。按 Enter 键确定操作。

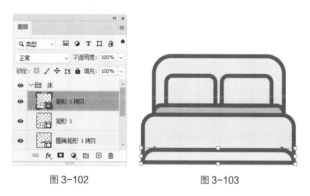

图 3-102　　　　　　　　　图 3-103

（10）在"属性"控制面板中将填色设为天蓝色（191、233、255），其他选项的设置如图 3-104 所示，按 Enter 键确定操作，效果如图 3-105 所示。

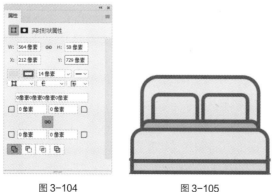

图 3-104　　　　　　　　　图 3-105

（11）选择矩形工具 ⬜，在图像窗口中绘制一个矩形。在属性栏中将填充颜色设为浅灰色（212、220、223），描边颜色设为灰蓝色（85、110、127），描边宽度设为14像素，效果如图3-106所示。在"图层"控制面板中生成新的形状图层"矩形2"。

（12）在"属性"控制面板中进行设置，如图3-107所示，按Enter键确定操作，效果如图3-108所示。

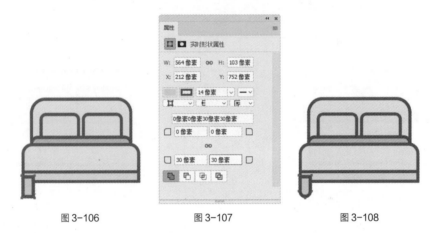

图3-106　　　　　　　图3-107　　　　　　　图3-108

（13）选择路径选择工具 ▸，按住Alt+Shift组合键的同时，水平向右拖曳圆角矩形到适当的位置，复制圆角矩形，效果如图3-109所示。在"图层"控制面板中将"矩形2"形状图层拖曳到"矩形1"形状图层的下方，如图3-110所示，图像效果如图3-111所示。

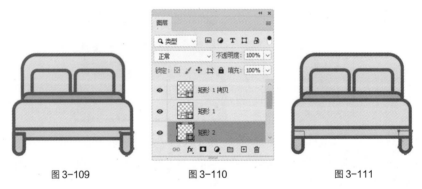

图3-109　　　　　　　图3-110　　　　　　　图3-111

（14）选中"矩形1拷贝"形状图层。选择直线工具 ╱，在属性栏的"选择工具模式"下拉列表中选择"形状"选项，按住Shift键的同时，在图像窗口中绘制一条直线段。在属性栏中将填充颜色设为无，描边颜色设为灰蓝色（85、110、127），描边宽度设为12像素，效果如图3-112所示。"图层"控制面板中生成新的形状图层"直线1"。

（15）选择路径选择工具 ▸，按住Alt+Shift组合键的同时，水平向右拖曳直线段到适当的位置，复制直线段，效果如图3-113所示。

（16）使用路径选择工具 ▸ 向左拖曳直线段右侧的端点到适当的位置，调整其长度，效果如图3-114所示。再复制一条直线段并调整其长度，效果如图3-115所示。

（17）单击"床"图层组左侧的三角形图标 ⌄，将"床"图层组中的图层隐藏，如图3-116所示。用相同的方法绘制床头柜和挂画，效果如图3-117所示。

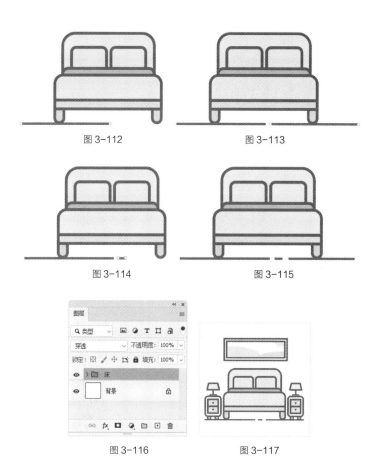

图 3-112 　　　　　　　　　　　图 3-113

图 3-114 　　　　　　　　　　　图 3-115

图 3-116 　　　　　　　　　　　图 3-117

# 项目实践——制作端午节海报

【项目知识要点】使用快速选择工具抠出粽子，使用污点修复画笔工具和仿制图章工具修复斑点和牙签，使用变换命令变形粽子图形，使用色彩范围命令抠出云，使用钢笔工具抠出龙舟，使用椭圆选框工具抠出豆子，使用调整图层调整图像颜色，最终效果如图 3-118 所示。

图 3-118

【效果所在位置】项目 3/效果/制作端午节海报.psd。

# 课后习题——制作中秋节海报

【习题学习目标】使用钢笔工具、描边路径命令和画笔工具绘制背景形状和装饰线条，使用图层样式添加内阴影和投影，最终效果如图 3-119 所示。

【效果所在位置】项目 3/效果/制作中秋节海报.psd。

图 3-119

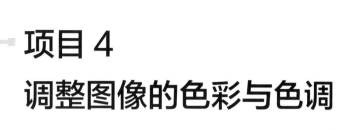

# 项目 4
# 调整图像的色彩与色调

## 项目引入

本项目主要介绍调整图像色彩与色调的方法和技巧。通过对本项目的学习，读者可以根据不同的需要，应用多种调整命令对图像的色彩或色调进行细微的调整，还可以对图像进行特殊的颜色处理。

## 项目目标

- ✔ 掌握调整图像颜色的方法和技巧。
- ✔ 运用命令对图像进行特殊颜色处理。

## 技能目标

- ✔ 掌握餐饮行业公众号封面次图的制作方法。
- ✔ 掌握旅游出行微信公众号封面首图的制作方法。

## 素养目标

- ✔ 培养分析不同颜色和色调的能力。
- ✔ 培养对色彩和色调的敏感度。
- ✔ 培养对图像信息进行加工处理，并合理使用命令的能力。

## 任务 4.1　调整图像颜色

使用"亮度/对比度""色相/饱和度""曲线""色阶""曝光度"等命令可以调整图像的颜色。

### 4.1.1　"亮度/对比度"命令

原始图像如图 4-1 所示。选择"图像 >调整 > 亮度/对比度"命令，弹出"亮度/对比度"对话框，如图 4-2 所示。在对话框中，可以通过拖曳"亮度"和"对比度"滑块来调整图像的亮度和对比度，单击"确定"按钮，调整后的图像效果如图 4-3 所示。"亮度/对比度"命令调整的是整个图像的色彩。

图 4-1        图 4-2        图 4-3

### 4.1.2 "色相/饱和度"命令

原始图像如图 4-4 所示。选择"图像 > 调整 > 色相/饱和度"命令，或按 Ctrl+U 组合键，弹出"色相/饱和度"对话框，在其中进行设置，如图 4-5 所示，单击"确定"按钮，效果如图 4-6 所示。

图 4-4        图 4-5        图 4-6

全图：用于选择要调整的色彩范围，可以通过拖曳下方的各个滑块来调整图像的色彩、饱和度和明度。

着色：用于在由灰度模式转换而来的图像中添加需要的颜色。

在对话框中勾选"着色"复选框，如图 4-7 所示。单击"确定"按钮后，图像效果如图 4-8 所示。

图 4-7                  图 4-8

技巧：按住 Alt 键，"色相/饱和度"对话框中的"取消"按钮转换为"复位"按钮，单击"复位"按钮，可以在"色相/饱和度"对话框中重新进行设置。

### 4.1.3　"曲线"命令

使用"曲线"命令可以通过调整图像色彩曲线上的任意像素点来改变图像的色彩范围。

原始图像如图 4-9 所示。选择"图像 >调整 > 曲线"命令，或按 Ctrl+M 组合键，弹出"曲线"对话框，如图 4-10 所示。在图像中单击并按住鼠标左键，如图 4-11 所示，"曲线"对话框中的曲线上会出现一个小圆圈，表示图像中单击处的像素数值，如图 4-12 所示。

图 4-9

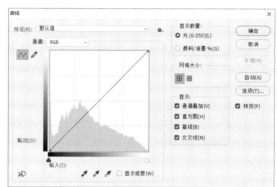

图 4-10

图 4-11

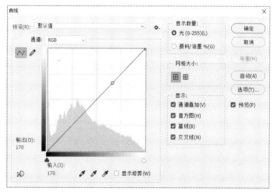

图 4-12

通道：用于选择调整图像的颜色通道。

图表中的 $x$ 轴表示色彩的输入值，$y$ 轴表示色彩的输出值。曲线代表输入色阶和输出色阶的关系。

〜：在默认状态下使用此工具，在图表曲线上单击可以增加控制点，拖曳控制点可以改变曲线的形状，拖曳控制点到图表外可删除控制点。

✐：用于在图表中绘制任意曲线，单击右侧的 平滑(M) 按钮可使曲线变得光滑。按住 Shift 键的同时使用此工具可以绘制出直线段。

输入和输出：显示图表中鼠标指针所在位置的亮度值。

自动(A)：用于自动调整图像的亮度。

不同的曲线及其对应的图像效果如图 4-13 所示。

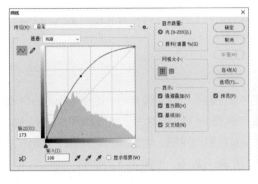

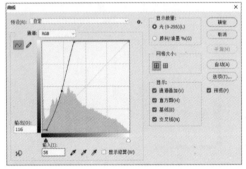

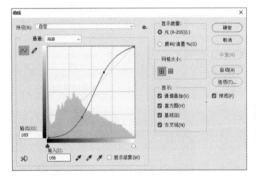

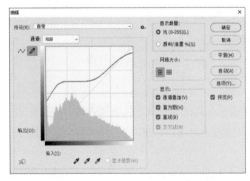

图4-13

### 4.1.4 "曝光度"命令

选择"图像 > 调整 > 曝光度"命令，弹出"曝光度"对话框，在其中进行设置，如图4-14所示，单击"确定"按钮，即可调整图像的曝光度，效果如图 4-15 所示。

图 4-14 图 4-15

曝光度：用于调整色彩范围的高光端，对极限阴影的影响很小。

位移：使阴影和中间调变暗，对高光的影响很小。

灰度系数校正：使用乘方函数调整图像灰度系数。

## 4.1.5 "色阶"命令

原始图像如图 4-16 所示。选择"图像 > 调整 > 色阶"命令，或按 Ctrl+L 组合键，弹出"色阶"对话框，如图 4-17 所示。

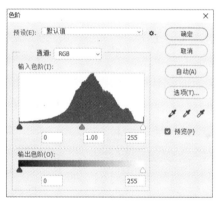

图 4-16 图 4-17

对话框中间是一个直方图，其横坐标范围为 0~255，表示亮度值；纵坐标表示图像的像素数。

通道：在其下拉列表中可以选择不同的颜色通道来调整图像。如果想选择两个以上的颜色通道，要先在"通道"控制面板中选择需要的通道，再打开"色阶"对话框。

输入色阶：控制图像选定区域的最暗和最亮色彩，通过输入数值或拖曳三角形滑块来调整图像。左侧的数值框和黑色滑块用于调整黑色，图像中低于该亮度值的所有像素将变为黑色。中间的数值框和灰色滑块用于调整灰度，其数值范围为 0.1~9.99，1.00 为中性灰度。数值大于 1.00 时，图像中间灰度将降低；数值小于 1.00 时，图像中间灰度将提高。右侧的数值框和白色滑块用于调整白色，图像中高于该亮度值的所有像素将变为白色。

调整输入色阶，图像产生的不同色彩效果如图 4-18 所示。

输出色阶：通过输入数值或拖曳三角形滑块来控制图像的亮度范围。左侧数值框和黑色滑块用于调整图像最暗像素的亮度；右侧数值框和白色滑块用于调整图像最亮像素的亮度。调整输出色阶后，图像的灰度提高，对比度降低。

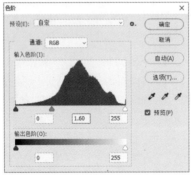

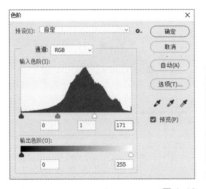

图 4-18

调整输出色阶，图像产生的不同色彩效果如图 4-19 所示。

图 4-19

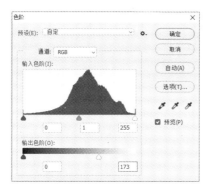

图 4-19（续）

自动(A)：用于自动调整图像并设置层次。

选项(T)...：单击此按钮，弹出"自动颜色校正选项"对话框，系统将以 0.10% 的色阶调整幅度来调整图像的亮度。

取消：按住 Alt 键，该按钮转换为 复位 按钮，单击此按钮可以将调整过的色阶还原，以便重新进行设置。

：分别为黑色吸管工具、灰色吸管工具和白色吸管工具。选中黑色吸管工具，在图像中单击，图像中暗于单击点的所有像素都会变为黑色；选中灰色吸管工具，在图像中单击，单击点的像素变为灰色，图像中其他像素的颜色也会相应地调整；白色吸管工具，在图像中单击，图像中亮于单击点的所有像素都会变为白色。双击任意吸管工具，在弹出的颜色选择对话框中可以设置吸管颜色。

预览：勾选此复选框，可以即时显示图像的调整结果。

### 4.1.6 "阴影/高光"命令

原始图像如图 4-20 所示。选择"图像 > 调整 > 阴影/高光"命令，弹出"阴影/高光"对话框，在其中进行设置，如图 4-21 所示。单击"确定"按钮，效果如图 4-22 所示。

图 4-20          图 4-21          图 4-22

### 4.1.7 "色彩平衡"命令

选择"图像 > 调整 > 色彩平衡"命令，或按 Ctrl+B 组合键，弹出"色彩平衡"对话框，如图 4-23

所示。

色彩平衡：用于添加过渡色来平衡色彩效果，可以通过拖曳滑块调整整个图像的色彩，也可以通过在"色阶"数值框中直接输入数值来调整图像的色彩。

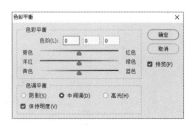

图 4-23

色调平衡：用于选取图像的阴影、中间调和高光区域。

保持明度：用于保持原图像的明度。

设置不同的色彩平衡参数后，图像效果如图 4-24 所示。

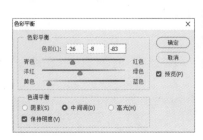 

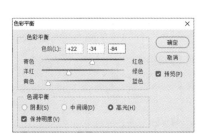 

图 4-24

### 4.1.8 "照片滤镜"命令

"照片滤镜"命令用于模仿传统相机的滤镜效果，调整图片颜色可制作出丰富的效果。

打开图片。选择"图像 > 调整 > 照片滤镜"命令，弹出"照片滤镜"对话框，如图 4-25 所示。

图 4-25

滤镜：用于选择颜色调整的过滤模式。颜色：单击右侧的色标，弹出"选择滤镜颜色"对话框，可以在其中设置颜色值对图像进行过滤。密度：用于设置过滤颜色的百分比。保留明度：勾选此复选框，图片的白色部分颜色保持不变；取消勾选此复选框，图片的全部颜色都会改变，效果如图 4-26 所示。

图 4-26

# 任务实践——制作餐饮行业公众号封面次图

【任务学习目标】学习使用调整命令调整图片颜色。

【任务知识要点】使用"照片滤镜"命令和"阴影/高光"命令调整图片颜色，使用横排文字工具输入文字，最终效果如图 4-27 所示。

图 4-27

【效果所在位置】项目 4/效果/制作餐饮行业公众号封面次图.psd。

（1）按 Ctrl + O 组合键，打开云盘中的"项目 4 > 素材 > 制作餐饮行业公众号封面次图 > 01"文件，如图 4-28 所示。按 Ctrl+J 组合键，复制图层，"图层"控制面板中生成新的图层"图层 1"，如图 4-29 所示。

图 4-28　　　　　　　　　　图 4-29

（2）选择"图像 > 调整 > 照片滤镜"命令，弹出"照片滤镜"对话框，各选项的设置如图4-30所示，单击"确定"按钮，效果如图4-31所示。

图4-30 图4-31

（3）选择"图像 > 调整 > 阴影/高光"命令，弹出"阴影/高光"对话框，勾选"显示更多选项"复选框，各选项的设置如图4-32所示，单击"确定"按钮，图像效果如图4-33所示。

图4-32 图4-33

（4）选择横排文字工具 ，在适当的位置输入并选取文字。选择"窗口 > 字符"命令，弹出"字符"控制面板，在其中将颜色设为白色，其他选项的设置如图4-34所示。按Enter键确定操作，效果如图4-35所示。"图层"控制面板中生成新的文字图层。

图4-34 图4-35

（5）再次在适当的位置输入并选取文字，在"字符"控制面板中进行设置，如图4-36所示，效果如图 4-37 所示，"图层"控制面板中生成新的文字图层。用相同的方法输入其他文字，效果如图 4-38 所示，餐饮行业公众号封面次图制作完成。

图 4-36　　　　　图 4-37　　　　　图 4-38

## 任务 4.2　对图像进行特殊颜色处理

使用"去色""反相""阈值""通道混合器"命令可以对图像进行特殊颜色处理。

### 4.2.1　"去色"命令

选择"图像 > 调整 > 去色"命令，或按 Shift+Ctrl+U 组合键，可以去掉图像中的色彩，使图像变为灰度图，但图像的颜色模式不变。使用"去色"命令可以对选区中的图像进行去掉色彩的处理。

### 4.2.2　"反相"命令

选择"图像 > 调整 > 反相"命令，或按 Ctrl+I 组合键，可以将图像或选区的像素的颜色反转为其补色，使其出现底片效果。不同颜色模式的图像反相后的效果如图 4-39 所示。

原图　　　　　RGB 颜色模式的图像反相后的效果　　　　　CMYK 颜色模式的图像反相后的效果

图 4-39

提示：反相效果是对图像的每一个颜色通道进行反相后的合成效果，不同颜色模式的图像反相后的效果是不同的。

### 4.2.3　"阈值"命令

选择"图像 > 调整 > 阈值"命令，弹出"阈值"对话框。在对话框中拖曳滑块或在"阈值色阶"

数值框中输入数值，如图 4-40 所示，单击"确定"按钮，可以改变图像的阈值。图像中大于阈值的像素变为白色，小于阈值的像素变为黑色，从而使图像具有强烈反差，如图 4-41 所示。

图 4-40                     图 4-41

### 4.2.4　"通道混合器"命令

打开图片。选择"图像 > 调整 > 通道混合器"命令，弹出"通道混合器"对话框，在其中进行设置，如图 4-42 所示，单击"确定"按钮，效果如图 4-43 所示。

图 4-42                     图 4-43

输出通道：用于选择要调整的通道。源通道：用于设置输出通道中源通道所占的百分比。常数：用于调整输出通道的灰度值。单色：勾选此复选框后，彩色图像转换为黑白图像。

提示：所选图像的颜色模式不同，"通道混合器"对话框中的内容也不同。

# 任务实践——制作旅游出行微信公众号封面首图

【任务学习目标】学习使用调整命令调整图像颜色。

【任务知识要点】使用"通道混合器"命令和"黑白"命令调整图像，最终效果如图 4-44 所示。

图 4-44

【效果所在位置】项目 4/效果/制作旅游出行微信公众号封面首图.psd。

（1）按 Ctrl＋O 组合键，打开云盘中的"项目 4 > 素材 > 制作旅游出行微信公众号封面首图 > 01"文件，如图 4-45 所示。将"背景"图层拖曳到"图层"控制面板下方的"创建新图层"按钮 ⊞ 上进行复制，生成新的图层"背景 拷贝"，如图 4-46 所示。

图 4-45                                图 4-46

（2）选择"图像 > 调整 > 通道混合器"命令，在弹出的对话框中进行设置，如图 4-47 所示，单击"确定"按钮，效果如图 4-48 所示。

图 4-47                                图 4-48

（3）按 Ctrl+J 组合键，复制"背景 拷贝"图层，生成新的图层，将其命名为"黑白"。选择"图像 > 调整 > 黑白"命令，在弹出的对话框中进行设置，如图 4-49 所示，单击"确定"按钮，效果如图 4-50 所示。

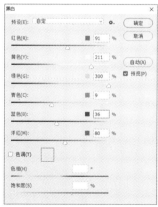

图 4-49                                图 4-50

（4）在"图层"控制面板上方将"黑白"图层的混合模式设为"滤色"，如图 4-51 所示，图像效果如图 4-52 所示。

图 4-51                              图 4-52

（5）按住 Ctrl 键的同时选择"黑白"图层和"背景 拷贝"图层。按 Ctrl+E 组合键，合并图层并将其命名为"效果"。选择"图像 > 调整 > 色相/饱和度"命令，在弹出的对话框中进行设置，如图 4-53 所示，单击"确定"按钮，效果如图 4-54 所示。

图 4-53                              图 4-54

（6）按 Ctrl+O 组合键，打开云盘中的"项目 4 > 素材 > 制作旅游出行微信公众号封面首图 > 02"文件。选择移动工具 ，将"02"图片拖曳到"01"图像窗口中适当的位置，效果如图 4-55 所示，"图层"控制面板中生成新的图层，将其命名为"文字"。旅游出行微信公众号封面首图制作完成。

图 4-55

# 项目实践——调整过暗的图片

【项目知识要点】使用"色阶"命令调整过暗的图片，最终效果如图 4-56 所示。

【效果所在位置】项目 4/效果/调整过暗的图片.psd。

图 4-56

# 课后习题——修正详情页主图中偏色的图片

【习题知识要点】使用"色相/饱和度"命令调整图片的色调，最终效果如图 4-57 所示。

【效果所在位置】项目 4/效果/修正详情页主图中偏色的图片.psd。

图 4-57

# 项目 5
# 应用文字与图层

## 项目引入

本项目主要介绍 Photoshop 中文字与图层的应用技巧。通过对本项目的学习，读者可以快速地掌握文字的输入方法、变形文字的设置、路径文字的制作以及应用图层制作多种图像效果的技巧。

## 项目目标

- ✔ 掌握文本的输入与编辑方法。
- ✔ 了解图层的基础知识。
- ✔ 掌握图层的混合模式和图层样式的应用。
- ✔ 掌握运用图层蒙版和剪贴蒙版的方法。

## 技能目标

- ✔ 掌握餐厅招牌面宣传单的制作方法。
- ✔ 掌握生活摄影公众号首页次图的制作方法。
- ✔ 掌握收音机图标的绘制方法。
- ✔ 掌握饰品类公众号封面首图的制作方法。

## 素养目标

- ✔ 具备良好的组织和排版能力。
- ✔ 具有创造性思维。
- ✔ 具有主观能动性。

# 任务 5.1　文本的输入与编辑

本任务将使用文字工具输入文字，并使用"字符"控制面板对文字进行调整。

## 5.1.1　输入水平、垂直文字

选择横排文字工具 T.，或按 T 键，其属性栏如图 5-1 所示。

图 5-1

⏳T：用于切换文字输入的方向。 Adobe 黑体 Std ∨ ·：用于设置文字的字体及样式。
⏳T 18 点 ∨：用于设置文字的大小。 aa 平滑 ∨：用于消除文字的锯齿，包括"无""锐利""犀利""浑厚""平滑"5 个选项。 ⯐⯐⯐：用于设置文字的段落格式，分别是左对齐、居中对齐和右对齐。 ■：用于设置文字的颜色。 ⱦ：用于对文字进行变形操作。 ▣：用于打开"段落"和"字符"控制面板。 ⊘：用于取消对文字的操作。 ✓：用于确定对文字的操作。 3D：用于从文本图层创建 3D 对象。

选择直排文字工具 ⏐T.，可以在图像中输入直排文字。其属性栏与横排文字工具的属性栏基本相同，这里不赘述。

## 5.1.2　输入段落文字

选择横排文字工具 T.，将鼠标指针移动到图像窗口中，鼠标指针变为 ⏐ 形状。此时按住鼠标左键并拖曳鼠标，在图像窗口中创建段落定界框，如图 5-2 所示。插入点显示在定界框的左上角，段落定界框具有自动换行的功能，如果输入的文字较多，则当文字遇到定界框时，会自动换到下一行显示，效果如图 5-3 所示。如果输入的文字需要分段，可以按 Enter 键进行操作。还可以对定界框进行旋转、拉伸等操作。

图 5-2

图 5-3

## 5.1.3　栅格化文字

"图层"控制面板如图 5-4 所示。选择"图层 > 栅格化 > 文字"命令，可以将文字图层转换为图像图层，如图 5-5 所示。也可用鼠标右键单击文字图层，在弹出的菜单中选择"栅格化文字"命令。

图 5-4          图 5-5

### 5.1.4　载入文字选区

使用文字工具在图像窗口中输入文字后，"图层"控制面板中会自动生成文字图层。如果需要生成文字选区，可以在按住 Ctrl 键的同时单击文字图层的缩览图，载入文字选区。

### 5.1.5　变形文字

应用"变形文字"对话框可以对文字进行多种变形操作，如扇形、旗帜、波浪、膨胀、扭转等。

**1. 制作扭曲变形文字**

在图像中输入文字，如图 5-6 所示。单击文字工具属性栏中的"创建文字变形"按钮，弹出"变形文字"对话框，如图 5-7 所示。"样式"下拉列表中包含多种文字变形效果，如图 5-8 所示。

图 5-6          图 5-7          图 5-8

应用不同变形效果后，文字效果如图 5-9 所示。

扇形          下弧          上弧

图 5-9

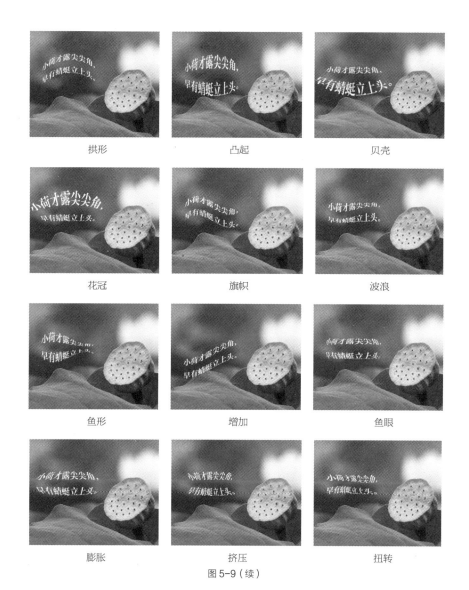

拱形         凸起         贝壳

花冠         旗帜         波浪

鱼形         增加         鱼眼

膨胀         挤压         扭转

图 5-9（续）

**2. 设置变形选项**

如果要修改文字的变形效果，可以打开"变形文字"对话框，在对话框中重新设置样式或更改当前应用样式的数值。

**3. 取消文字变形效果**

如果要取消文字的变形效果，可以打开"变形文字"对话框，在"样式"下拉列表中选择"无"选项。

### 5.1.6 路径文字

可以将文字创建在路径上，并应用路径对文字进行调整。

**1. 在路径上创建文字**

选择钢笔工具 ✎，在图像中绘制路径，如图 5-10 所示。选择横排文字工具 T，将鼠标指针放在路径上，鼠标指针变为 $\text{工}$ 形状，如图 5-11 所示。单击路径，出现闪烁的光标，此处为输入文字的起始点。输入的文字会沿路径进行排列，效果如图 5-12 所示。

图 5-10        图 5-11        图 5-12

文字输入完成后，在"路径"控制面板中会自动生成文字路径层，如图 5-13 所示。取消选中"视图 > 显示额外内容"命令，可以隐藏文字路径，如图 5-14 所示。

图 5-13        图 5-14

**提示**："路径"控制面板中的文字路径层与"图层"控制面板中相应的文字图层是相链接的，删除文字图层时，相应的文字路径层会自动被删除，删除其他工作路径不会对文字的排列产生影响。如果要修改文字的排列形状，需要对文字路径进行修改。

### 2. 在路径上移动文字

选择路径选择工具 $\text{▶}$，将鼠标指针放置在文字上，鼠标指针显示为 $\text{┇}$ 形状，如图 5-15 所示。按住鼠标左键并沿着路径拖曳鼠标，可以移动文字，效果如图 5-16 所示。

图 5-15        图 5-16

### 3. 在路径上翻转文字

选择路径选择工具 $\text{▶}$，将鼠标指针放置在文字上，鼠标指针显示为 $\text{┇}$ 形状，如图 5-17 所示。将文字向路径下方拖曳，可以沿路径翻转文字，效果如图 5-18 所示。

### 4. 修改绕排文字的路径形状

选择直接选择工具 $\text{▶}$，在路径上单击，路径上显示控制手柄，拖曳控制手柄修改路径的形状，如图 5-19 所示。文字会按照修改后的路径进行排列，效果如图 5-20 所示。

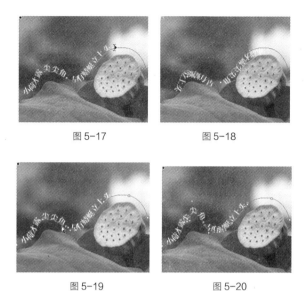

图 5-17                图 5-18

图 5-19                图 5-20

# 任务实践——制作餐厅招牌面宣传单

【任务学习目标】学习使用绘图工具和文字工具制作餐厅招牌面宣传单。

【任务知识要点】使用移动工具添加素材图片，使用椭圆工具、横排文字工具和"字符"控制面板制作路径文字，使用横排文字工具和矩形工具添加其他相关信息，最终效果如图 5-21 所示。

【效果所在位置】项目 5/效果/制作餐厅招牌面宣传单.psd。

图 5-21

（1）按 Ctrl+O 组合键，打开云盘中的"项目 5 > 素材 > 制作餐厅招牌面宣传单 > 01、02"文件。选择移动工具 ⊕，将"02"图片拖曳到"01"图像窗口中适当的位置，效果如图 5-22 所示，"图层"控制面板中生成新的图层，将其命名为"面"。

（2）单击"图层"控制面板下方的"添加图层样式"按钮 fx，在弹出的菜单中选择"投影"命令，弹出"图层样式"对话框，将投影颜色设为黑色，其他选项的设置如图 5-23 所示。单击"确定"按钮，效果如图 5-24 所示。

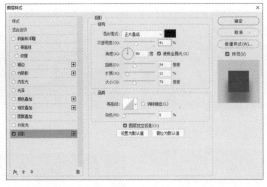

图 5-22        图 5-23        图 5-24

（3）选择椭圆工具 ◯ ，在属性栏的"选择工具模式"下拉列表中选择"路径"选项，在图像窗口中绘制椭圆形路径，效果如图 5-25 所示。

（4）选择横排文字工具 T ，将鼠标指针放置在路径上，鼠标指针变为 ⏚ 形状，单击，出现带有选中文字的文字区域，此处为输入文字的起始点，输入需要的文字。选取文字，在属性栏中选择合适的字体并设置文字大小，将文字颜色设为白色，效果如图 5-26 所示。"图层"控制面板生成新的文字图层。

图 5-25        图 5-26

（5）选取文字。按 Ctrl+T 组合键，弹出"字符"控制面板，将"设置所选字符的字距调整" 🆅🅰 0 选项设置为-450，其他选项的设置如图 5-27 所示，按 Enter 键确定操作，效果如图 5-28 所示。

图 5-27        图 5-28

（6）选取文字"筋半肉面"。在属性栏中设置文字大小，效果如图 5-29 所示。在文字"肉"右侧单击，插入光标，在"字符"控制面板中将"设置两个字符间的字距微调" 🆅🅰 0 选项设置为 60，其他选项的设置如图 5-30 所示，按 Enter 键确定操作，效果如图 5-31 所示。

图 5-29            图 5-30            图 5-31

（7）使用上述方法制作其他路径文字，效果如图 5-32 所示。按 Ctrl+O 组合键，打开云盘中的 "项目 5 > 素材 > 制作餐厅招牌面宣传单 > 03" 文件，选择移动工具 ⊕，将图片拖曳到图像窗口中适当的位置，效果如图 5-33 所示。"图层" 控制面板中生成新图层，将其命名为 "筷子"。

（8）选择横排文字工具 T，在适当的位置输入需要的文字并选取文字，在属性栏中选择合适的字体并设置文字大小，将文字颜色设为浅棕色（209、192、165），效果如图 5-34 所示。"图层" 控制面板中生成新的文字图层。

图 5-32            图 5-33            图 5-34

（9）选择横排文字工具 T，在适当的位置分别输入需要的文字并选取文字，在属性栏中选择合适的字体并设置文字大小，将文字颜色设为白色，效果如图 5-35 所示。"图层" 控制面板中分别生成新的文字图层。

（10）选取文字 "订餐……**"。在 "字符" 控制面板中将 "设置所选字符的字距调整" VA 0 选项设为 75，其他选项的设置如图 5-36 所示，按 Enter 键确定操作，效果如图 5-37 所示。

（11）选取数字 "400-78**89**"。在属性栏中选择合适的字体并设置文字大小，效果如图 5-38 所示。选取符号 "**"。在 "字符" 控制面板中将 "设置基线偏移" A∲ 0 点 选项设为 -15，其他选项的设置如图 5-39 所示，按 Enter 键确定操作，效果如图 5-40 所示。

（12）用相同的方法设置另一组符号的基线偏移，效果如图 5-41 所示。选择横排文字工具 T，在适当的位置输入需要的文字并选取文字，在属性栏中选择合适的字体并设置文字大小，将文字颜色设为浅棕色（209、192、165），效果如图 5-42 所示。"图层" 控制面板中生成新的文字图层。

图 5-35                      图 5-36                      图 5-37

图 5-38                      图 5-39                      图 5-40

图 5-41                           图 5-42

（13）在"字符"控制面板中将"设置所选字符的字距调整" 选项设为 340，其他选项的设置如图 5-43 所示，按 Enter 键确定操作，效果如图 5-44 所示。

图 5-43                           图 5-44

（14）选择矩形工具□，在属性栏的"选择工具模式"下拉列表中选择"形状"选项，将填充颜色设为浅棕色（209、192、165），描边颜色设为无。在图像窗口中绘制一个矩形，效果如图 5-45

所示，在"图层"控制面板中生成新的形状图层"矩形 1"。

（15）选择横排文字工具 T，在适当的位置输入需要的文字并选取文字，在属性栏中选择合适的字体并设置文字大小，将文字颜色设为黑色，效果如图 5-46 所示。"图层"控制面板中生成新的文字图层。

图 5-45

图 5-46

（16）在"字符"控制面板中将"设置所选字符的字距调整"  选项设为 340，其他选项的设置如图 5-47 所示，按 Enter 键确定操作，效果如图 5-48 所示。餐厅招牌面宣传单制作完成，效果如图 5-49 所示。

图 5-47

图 5-48

图 5-49

## 任务 5.2　　图层的基础应用

掌握图层的基础应用，可以快速完成对图层的调整。

### 5.2.1　"图层"控制面板

"图层"控制面板列出了图像中的所有图层、图层组和图层效果。用户可以通过"图层"控制面板显示或隐藏图层、创建新图层以及处理图层组，还可以在弹出式菜单中设置其他命令和选项，"图层"控制面板如图 5-50 所示。

图层搜索功能：在  中可以选取不同的搜索方式，共有 9 种。

类型：通过单击"像素图层过滤器"按钮 🖼、"调整图层过滤器"按钮 ◉、"文字图层过滤器"按钮 T、"形状图层过滤器"按钮 ❑ 和"智能对象过滤器"按钮 🗗 来搜索需要的图层类型。名称：通过在右侧的文本框中输入

图 5-50

图层名称来搜索图层。效果：通过图层应用的图层样式来搜索图层。模式：通过图层的混合模式来搜索图层。属性：通过图层的属性来搜索图层。颜色：通过不同的图层颜色来搜索图层。智能对象：通过图层中不同智能对象的链接方式来搜索图层。选定：通过选定的图层来搜索图层。画板：通过画板来搜索图层。

图层的混合模式 正常 ⌄：用于设定图层的混合模式，共包含 27 种混合模式。

不透明度：用于设定图层的不透明度。

填充：用于设定图层的填充百分比。

眼睛图标 👁：用于显示或隐藏图层中的内容。

锁链图标 🔗：表示图层与图层之间存在链接关系。

图标 T：表示图层为可编辑的文字图层。

图标 *fx*：表示为图层添加了样式。

"图层"控制面板的上方有 5 个工具按钮，如图 5-51 所示。

"锁定透明像素"按钮 ⊠：用于锁定当前图层中的透明区域，使透明区域不能被编辑。

"锁定图像像素"按钮 ✏：使当前图层和透明区域不能被编辑。

"锁定位置"按钮 ✛：使当前图层不能被移动。

"防止在画板和画框内外自动嵌套"按钮 ⛶：锁定画板在画布上的位置，防止在画板内部或外部自动嵌套。

"锁定全部"按钮 🔒：使当前图层或序列完全被锁定。

"图层"控制面板的下方有 7 个工具按钮，如图 5-52 所示。

"链接图层"按钮 ∞：使所选图层和当前图层成为一组，当对其中一个链接图层进行操作时，将影响一组链接图层。

"添加图层样式"按钮 *fx*：为当前图层添加图层样式。

"添加图层蒙版"按钮 🔲：在当前图层上创建蒙版。在图层蒙版中，黑色代表隐藏图像，白色代表显示图像。可以使用画笔工具等绘图工具对蒙版进行绘制，还可以将蒙版转换成选区。

"创建新的填充或调整图层"按钮 ◑：对图层进行颜色填充和效果调整。

"创建新组"按钮 ▢：用于新建文件夹，可在其中放入图层。

"创建新图层"按钮 ⊞：用于在当前图层的上方创建新图层。

"删除图层"按钮 🗑：可以将不需要的图层拖曳到此处进行删除。

单击"图层"控制面板右上方的 ≡ 图标，弹出面板菜单，如图 5-53 所示。

锁定：

图 5-51

图 5-52

| | |
|---|---|
| 新建图层... | Shift+Ctrl+N |
| 复制 CSS | |
| 复制 SVG | |
| 复制图层(D)... | |
| 删除图层 | |
| 删除隐藏图层 | |
| 快速导出为 PNG | Shift+Ctrl+' |
| 导出为... | Alt+Shift+Ctrl+' |
| 新建组(G)... | |
| 从图层新建组(A)... | |
| 折叠所有组 | |
| 新建画板 | |
| 来自图层组的画板... | |
| 来自图层的画板... | |
| 来自图层的画框... | |
| 转换为图框 | |
| 锁定图层(L)... | Ctrl+/ |
| 转换为智能对象(M) | |
| 编辑内容 | |
| 混合选项... | |
| 编辑调整 | |
| 创建剪贴蒙版(C) | Alt+Ctrl+G |
| 链接图层(K) | |
| 选择链接图层(S) | |
| 向下合并(E) | Ctrl+E |
| 合并可见图层(V) | Shift+Ctrl+E |
| 拼合图像(F) | |
| 动画选项 | ▶ |
| 面板选项... | |
| 关闭 | |
| 关闭选项卡组 | |

图 5-53

## 5.2.2　新建与复制图层

使用"新建图层"命令可以创建新的图层，使用"复制图层"命令可以复制已有的图层。

### 1. 新建图层

单击"图层"控制面板右上方的 ≡ 图标，弹出面板菜单，在其中选择"新建图层"命令，弹出"新建图层"对话框，如图 5-54 所示。

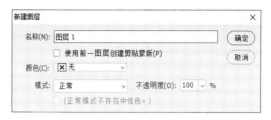

图 5-54

名称：用于设定新图层的名称。

颜色：用于设定新图层的颜色。

模式：用于设定新图层的合成模式。

不透明度：用于设定新图层的不透明度。

单击"图层"控制面板下方的"创建新图层"按钮 回，可以创建新图层。按住 Alt 键的同时单击"创建新图层"按钮 回，将打开"新建图层"对话框。

选择"图层 > 新建 > 图层"命令，打开"新建图层"对话框。按 Shift+Ctrl+N 组合键，也可以打开"新建图层"对话框。

**2. 复制图层**

单击"图层"控制面板右上方的 ≡ 图标，弹出面板菜单，选择"复制图层"命令，弹出"复制图层"对话框，如图 5-55 所示。

图 5-55

为：用于设定复制图层的名称。

文档：用于设定复制图层的文件来源。

将需要复制的图层拖曳到"图层"控制面板下方的"创建新图层"按钮 回 上，可以对所选的图层进行复制。

选择"图层 > 复制图层"命令，可以打开"复制图层"对话框。

打开目标图像和需要复制的图像，将图像中需要复制的图层直接拖曳到目标图像的图层中，图层复制完成。

### 5.2.3 合并与删除图层

在编辑图像的过程中，可以对图层进行合并，并将无用的图层删除。

**1. 合并图层**

"向下合并"命令用于向下合并图层。单击"图层"控制面板右上方的 ≡ 图标，在弹出的面板菜单中选择"向下合并"命令，或按 Ctrl+E 组合键，即可合并图层。

"合并可见图层"命令用于合并所有可见图层。单击"图层"控制面板右上方的 ☰ 图标，在弹出的面板菜单中选择"合并可见图层"命令，或按 Shift+Ctrl+E 组合键，即可合并可见图层。

"拼合图像"命令用于合并所有图层。单击图层控制面板右上方的 ☰ 图标，在弹出的面板菜单中选择"拼合图像"命令，即可合并所有图层。

**2. 删除图层**

单击"图层"控制面板右上方的 ☰ 图标，在弹出的面板菜单中选择"删除图层"命令，弹出提示对话框，如图 5-56 所示。

选中要删除的图层，单击"图层"控制面板下方的"删除图层"按钮 🗑，即可删除图层。也可将需要删除的图层直接拖曳到"删除图层"按钮 🗑 上进行删除。还可通过选择"图层 > 删除 > 图层"命令可删除图层。

图 5-56

### 5.2.4　显示与隐藏图层

单击"图层"控制面板中任意图层左侧的眼睛图标 👁，可以隐藏或显示相应图层。

按住 Alt 键的同时，单击"图层"控制面板中任意图层左侧的眼睛图标 👁，"图层"控制面板中将只显示相应图层，其他图层被隐藏。

### 5.2.5　图层的不透明度

通过"图层"控制面板上方的"不透明度"选项和"填充"选项可以调整图层的不透明度。"不透明度"选项用于调整图层中图像、图层样式和混合模式的不透明度；"填充"选项用于调整图层中图像和混合模式的不透明度，不能用来调整图层样式的不透明度。设置不同数值时，图像产生的不同效果如图 5-57 所示。

图 5-57

### 5.2.6 图层组

当编辑多个图层时，为了方便操作，可以将多个图层放在一个图层组中。单击"图层"控制面板右上方的 ≣ 图标，在弹出的面板菜单中选择"新建组"命令，弹出"新建组"对话框，单击"确定"按钮，新建一个图层组，如图 5-58 所示。选中要放置到图层组中的图层，将其向图层组中拖曳，如图 5-59 所示，选中的图层被放置在图层组中，如图 5-60 所示。

图 5-58          图 5-59          图 5-60

**提示**：单击"图层"控制面板下方的"创建新组"按钮 ▢，可以新建图层组；选择"图层 > 新建 > 组"命令，也可新建图层组；还可选中要放置在图层组中的所有图层，按 Ctrl+G 组合键，使软件自动生成新的图层组。

### 5.2.7 使用填充图层

当需要新建填充图层时，可以选择"图层 > 新建填充图层"命令，弹出的子菜单如图 5-61 所示。选择其中一个命令，弹出"新建图层"对话框，如图 5-62 所示，单击"确定"按钮，将根据选择的填充方式弹出不同的填充对话框。

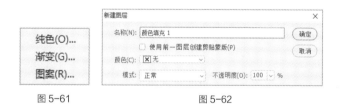

图 5-61                  图 5-62

以"渐变"命令为例，弹出的填充对话框如图 5-63 所示，单击"确定"按钮，"图层"控制面板和图像效果如图 5-64、图 5-65 所示。

图 5-63          图 5-64          图 5-65

单击"图层"控制面板下方的"创建新的填充或调整图层"按钮 ，可以在弹出的菜单中选择需要的填充方式。

### 5.2.8　使用调整图层

当需要对一个或多个图层进行色彩调整时，可以选择"图层 > 新建调整图层"命令，弹出的子菜单如图 5-66 所示。选择其中一个命令，弹出"新建图层"对话框，如图 5-67 所示。

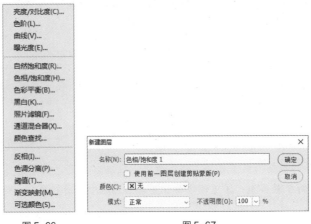

图 5-66                               图 5-67

选择不同的调整方式，将弹出不同的调整面板。以"色相/饱和度"命令为例，弹出的调整面板如图 5-68 所示，按 Enter 键确认操作，"图层"控制面板和图像的效果如图 5-69 和图 5-70 所示。

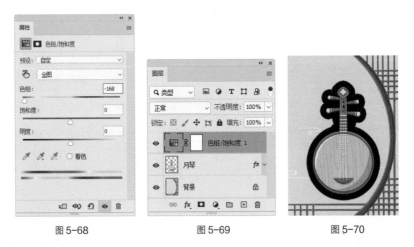

图 5-68                   图 5-69                   图 5-70

单击"图层"控制面板下方的"创建新的填充或调整图层"按钮 ，可以在弹出的菜单中选择需要的调整方式。

# 任务实践——制作生活摄影公众号首页次图

【任务学习目标】学习使用不同的调整图层调整图像颜色。

【任务知识要点】使用"色彩平衡"命令、画笔工具为衣服上色，最终效果如图 5-71 所示。

【效果所在位置】项目 5/效果/制作生活摄影公众号首页次图.psd。

（1）按 Ctrl+N 组合键，弹出"新建文档"对话框，设置宽度为 200 像素，高度为 200 像素，分辨率为 72 像素/英寸，颜色模式为 RGB，背景内容为白色，单击"创建"按钮新建文件。

图 5-71

（2）按 Ctrl+O 组合键，打开云盘中的"项目 5 ＞ 素材 ＞ 制作生活摄影公众号首页次图 ＞ 01"文件，选择移动工具 ⊕，将人物图片拖曳到新建图像窗口中适当的位置，并调整其大小，效果如图 5-72 所示。"图层"控制面板中生成新图层，将其命名为"人物"。

（3）单击"图层"控制面板下方的"创建新的填充或调整图层"按钮 ◑，在弹出的菜单中选择"色彩平衡"命令，在"图层"控制面板中生成"色彩平衡 1"图层，同时弹出"属性"控制面板，在其中进行设置，如图 5-73 所示。按 Enter 键确定操作，图像效果如图 5-74 所示。

图 5-72

图 5-73

图 5-74

（4）将前景色设为黑色。选择画笔工具 ✐，在属性栏中单击"画笔预设"按钮，在弹出的面板中选择需要的画笔形状，如图 5-75 所示。在人物衣服以外的区域进行涂抹，编辑状态如图 5-76 所示。按[和]键适当调整画笔的大小，涂抹人物脸部，图像效果如图 5-77 所示。生活摄影公众号首页次图制作完成。

图 5-75

图 5-76

图 5-77

## 任务 5.3　图层的高级应用

了解图层的高级应用，可以掌握混合图层并制作图层特殊效果的方法。

### 5.3.1 混合模式

在"图层"控制面板中，[正常 ∨]选项用于设定图层的混合模式，共有27种模式。

打开图像，如图5-78所示，"图层"控制面板如图5-79所示。对"月饼"图层应用不同的混合模式后，图像效果如图5-80所示。

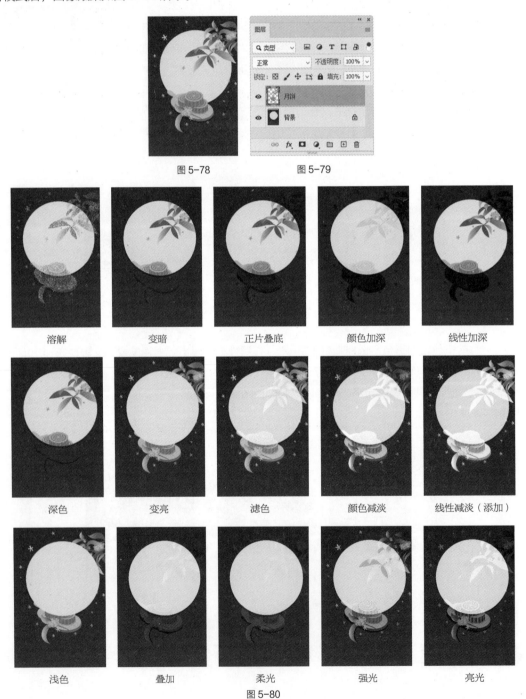

图5-78　　　　　　　　　　　　　　图5-79

| | | | | |
|---|---|---|---|---|
| 溶解 | 变暗 | 正片叠底 | 颜色加深 | 线性加深 |
| 深色 | 变亮 | 滤色 | 颜色减淡 | 线性减淡（添加） |
| 浅色 | 叠加 | 柔光 | 强光 | 亮光 |

图5-80

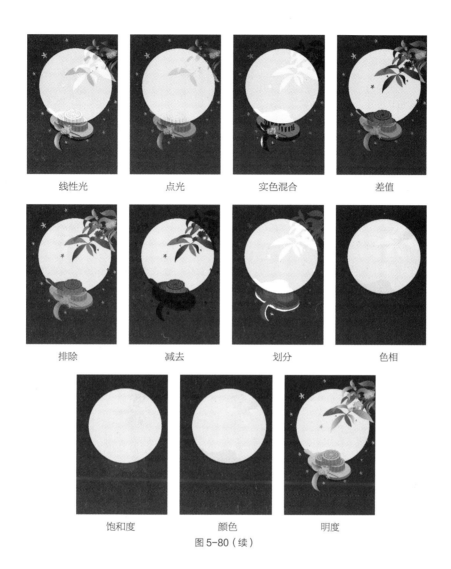

| | | | |
|---|---|---|---|
| 线性光 | 点光 | 实色混合 | 差值 |
| 排除 | 减去 | 划分 | 色相 |
| 饱和度 | 颜色 | 明度 | |

图 5-80（续）

## 5.3.2 图层样式

Photoshop 提供了多种图层样式添加方式，可以为图层添加某种样式，还可同时为图层添加多种样式。应用图层样式命令可以为图像添加投影、外发光、斜面、浮雕等效果，还可制作具有特殊效果的文字和图形。

### 1. 图层样式

单击"图层"控制面板下方的"添加图层样式"按钮 _fx_ ，在弹出的菜单中选择不同的图层样式命令，命令列表及图像效果如图 5-81 所示。

### 2. 复制和粘贴图层样式

使用"拷贝图层样式"和"粘贴图层样式"命令是对多个图层应用相同样式的快捷方式。用鼠标右键单击要复制样式的图层，在弹出的菜单中选择"拷贝图层样式"命令；再选择要粘贴样式的图层，单击鼠标右键，在弹出的菜单中选择"粘贴图层样式"命令。

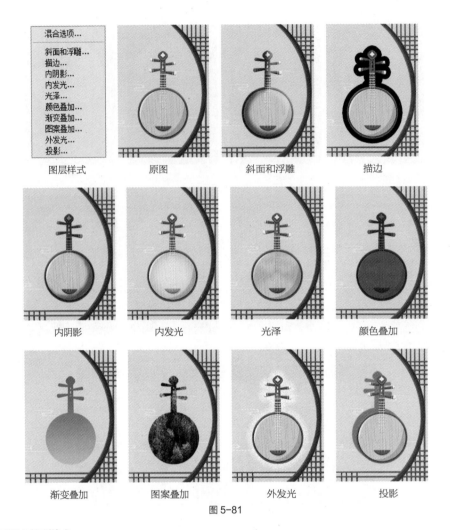

图 5-81

### 3. 清除图层样式

当对图层所应用的样式不满意时，可以将样式清除。选中要清除样式的图层，单击鼠标右键，在弹出的菜单中选择"清除图层样式"命令，即可将图层中添加的样式清除。

# 任务实践——绘制收音机图标

【任务学习目标】学习使用多种图层样式绘制
收音机图标。

【任务知识要点】使用圆角矩形工具绘制图标底图，使用图层样式制作
立体效果，最终效果如图 5-82 所示。

图 5-82

【效果所在位置】项目 5/效果/绘制收音机图标.psd。

（1）按 Ctrl+O 组合键，打开云盘中的"项目 5 > 素材 > 绘制收音机图标 > 01"文件，如图 5-83 所示。选择圆角矩形工具 ◻ ，在属性栏的"选择工具模式"下拉列表中选择"形状"选项，将

填充颜色设置为米灰色（237、231、219），描边颜色设置为无，"半径"设置为 180 像素。按住 Shift 键的同时，在图像窗口中绘制圆角矩形，效果如图 5-84 所示。"图层"控制面板中生成新的形状图层"圆角矩形 1"。

（2）单击"图层"控制面板下方的"添加图层样式"按钮 fx，在弹出的菜单中选择"斜面和浮雕"命令，弹出"图层样式"对话框，将高亮颜色设置为浅黄色（252、246、233），阴影颜色设置为黑色，其他选项的设置如图 5-85 所示。

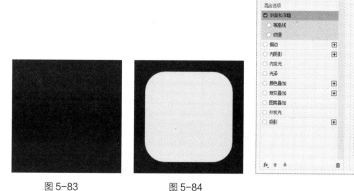

<table>
<tr><td>图 5-83</td><td>图 5-84</td><td>图 5-85</td></tr>
</table>

（3）勾选"投影"复选框，切换到相应面板，将阴影颜色设置为黑色，其他选项的设置如图 5-86 所示。单击"确定"按钮，效果如图 5-87 所示。

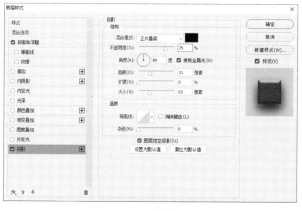

图 5-86　　　　　　　　　　　　　　　图 5-87

（4）选择圆角矩形工具 ，按住 Shift 键，在图像窗口中绘制圆角矩形。"图层"控制面板中生成新的形状图层"圆角矩形 2"。在属性栏中将填充颜色设置为淡黄色（242、244、234），描边颜色设置为无，"半径"设置为 150 像素，效果如图 5-88 所示。

（5）单击"图层"控制面板下方的"添加图层样式"按钮 fx，在弹出的菜单中选择"斜面和浮雕"命令，弹出"图层样式"对话框，将高亮颜色设置为浅黄色（252、246、233），阴影颜色设置为黑色，其他选项的设置如图 5-89 所示。

106

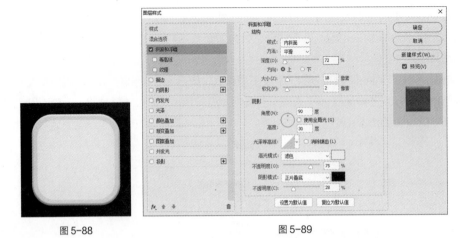

图 5-88                                                    图 5-89

（6）勾选择"投影"复选框，切换到相应的面板，将阴影颜色设置为黑色，其他选项的设置如图 5-90 所示。单击"确定"按钮，效果如图 5-91 所示。

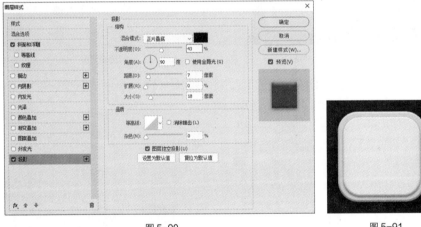

图 5-90                                                    图 5-91

（7）选择"背景"图层。选择圆角矩形工具 ，在属性栏中将"半径"设置为 20 像素，在图像窗口中绘制圆角矩形，效果如图 5-92 所示。"图层"控制面板中生成新的形状图层"圆角矩形 3"，如图 5-93 所示。

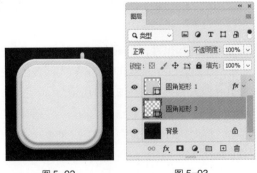

图 5-92                        图 5-93

（8）单击"图层"控制面板下方的"添加图层样式"按钮 *fx*，在弹出的菜单中选择"渐变叠加"命令，弹出"图层样式"对话框，单击"渐变"选项右侧的"点按可编辑渐变"按钮 ，弹出"渐变编辑器"对话框。在"位置"数值框中分别输入 0、100，分别设置两个位置点颜色的 RGB 值为 0（195、187、171）、100（255、255、255），如图 5-94 所示。

（9）单击"确定"按钮，返回"图层样式"对话框，其他选项的设置如图 5-95 所示。单击"确定"按钮，效果如图 5-96 所示。

（10）选择"圆角矩形 2"图层。按 Ctrl + O 组合键，打开云盘中的"项目 5> 素材 > 绘制收音机图标 > 02"文件。选择移动工具，将"02"图像拖曳到"01"图像窗口中适当的位置，效果如图 5-97 所示，"图层"控制面板中生成新的图层，将其命名为"按钮"。收音机图标绘制完成。

图 5-94

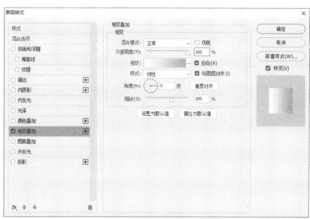

图 5-95

图 5-96

图 5-97

## 任务 5.4 图层蒙版和剪贴蒙版

在编辑图像时，可以为图层添加蒙版。剪贴蒙版使用某个图层的内容来遮盖其上方的图层，遮盖效果由基底图层决定。

### 5.4.1 图层蒙版

打开图像，如图 5-98 所示。单击"图层"控制面板下方的"添加图层蒙版"按钮 ▢，为图层创建蒙版，如图 5-99 所示。将前景色设为黑色。选择画笔工具 ✐，在属性栏中对工具进行设置，如图 5-100 所示，在图层蒙版中按所需的效果进行涂抹，图像效果如图 5-101 所示。

在"图层"控制面板中，图层蒙版如图 5-102 所示。打开"通道"控制面板，图层的蒙版通道如图 5-103 所示。

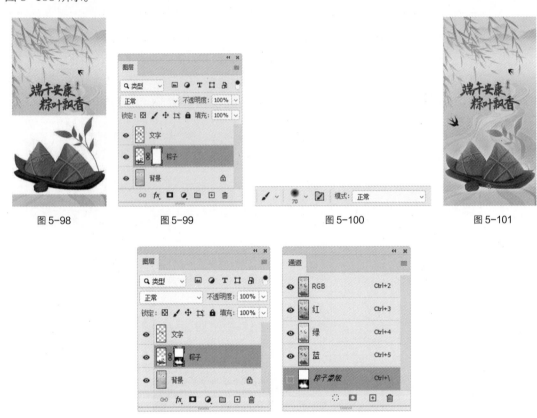

| 图 5-98 | 图 5-99 | 图 5-100 | 图 5-101 |

图 5-102　　　　图 5-103

## 5.4.2　剪贴蒙版

打开图片，如图 5-104 所示，"图层"控制面板如图 5-105 所示。按住 Alt 键，将鼠标指针放置到"装饰画"和"矩形 1"图层的中间位置，鼠标指针变为 ↓□ 形状，如图 5-106 所示。

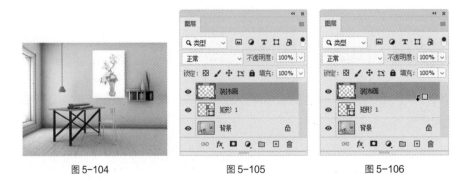

图 5-104　　　　图 5-105　　　　图 5-106

单击即可创建图层的剪贴蒙版，如图 5-107 所示，图像窗口中的效果如图 5-108 所示。选择移动工具 ⊕，可以随意移动"装饰画"图层中的图像，效果如图 5-109 所示。

如果要取消剪贴蒙版，可以选中剪贴蒙版组中上方的图层，选择"图层 > 释放剪贴蒙版"命令，或按 Alt+Ctrl+G 组合键。

图 5-107　　　　　　　　　　图 5-108　　　　　　　　　　图 5-109

# 任务实践——制作饰品类公众号封面首图

【任务学习目标】学习使用混合模式和图层蒙版制作倒影效果。

【任务知识要点】使用图层的混合模式融合图片，使用"自由变换"命令、图层蒙版制作倒影效果，最终效果如图 5-110 所示。

【效果所在位置】项目 5/效果/制作饰品类公众号封面首图.psd。

图 5-110

（1）按 Ctrl+O 组合键，打开云盘中的"项目 5 > 素材 > 制作饰品类公众号封面首图 > 01、02"文件。选择移动工具 ⊕，将"02"图片拖曳到"01"图像窗口中适当的位置，效果如图 5-111 所示，"图层"控制面板中生成新的图层，将其命名为"齿轮"。

图 5-111

（2）在"图层"控制面板上方，将"齿轮"图层的混合模式设置为"正片叠底"，如图 5-112 所示，图像效果如图 5-113 所示。

图 5-112                         图 5-113

（3）按 Ctrl+O 组合键，打开云盘中的"项目 5 > 素材 > 制作饰品类公众号封面首图 > 03"文件。选择移动工具 ⊕，将"03"图片拖曳到"01"图像窗口中适当的位置，效果如图 5-114 所示，"图层"控制面板中生成新图层，将其命名为"手表 1"。

（4）按 Ctrl+J 组合键，复制图层，"图层"控制面板中生成的新的图层"手表 1 拷贝"，将其拖曳到"手表 1"图层的下方，如图 5-115 所示。

图 5-114                         图 5-115

（5）按 Ctrl+T 组合键，图像周围出现变换框。在变换框中单击鼠标右键，在弹出的菜单中选择"垂直翻转"命令，垂直翻转图像，并将图像拖曳到适当的位置，按 Enter 键确定操作，效果如图 5-116 所示。单击"图层"控制面板下方的"添加图层蒙版"按钮 ▢，为图层添加蒙版，如图 5-117 所示。

图 5-116                         图 5-117

（6）按 D 键，恢复默认的前景色和背景色。选择渐变工具 ▣，单击属性栏中的"点按可编辑渐变"按钮 ![渐变按钮]，弹出"渐变编辑器"对话框。选择"基础"预设中的"前景色到背景色渐变"，如图 5-118 所示，单击"确定"按钮。从图像下方从下向上拖曳填充渐变色，效果如图 5-119 所示。

图 5-118　　　　　　　　　　　　　　　　　　　　图 5-119

（7）按 Ctrl+O 组合键，打开云盘中的"项目 5 > 素材 > 制作饰品类公众号封面首图 > 04"文件。选择移动工具 ⊕，将"04"图片拖曳到"01"图像窗口中适当的位置，效果如图 5-120 所示，"图层"控制面板中生成新图层，将其命名为"手表 2"。

（8）按 Ctrl+J 组合键，复制图层，"图层"控制面板中生成新的图层"手表 2 拷贝"，将其拖曳到"手表 2"图层的下方。用相同的方法制作该手表的倒影效果，如图 5-121 所示。

图 5-120　　　　　　　　　　　　　　　　　　　　图 5-121

（9）按 Ctrl+O 组合键，打开云盘中的"项目 5 > 素材 > 制作饰品类公众号封面首图 > 05"文件。选择移动工具 ⊕，将"05"图片拖曳到"01"图像窗口中适当的位置，效果如图 5-122 所示，"图层"控制面板中生成新图层，将其命名为"文字"。饰品类公众号封面首图制作完成。

图 5-122

# 项目实践——制作立冬节气宣传海报

【项目知识要点】使用"置入嵌入对象"命令置入图片，使用横排文字工具添加文字，使用图层样式为图像添加效果，使用矩形工具和圆角矩形工具绘制基本形状，使用剪贴蒙版调整图片显示区域，最终效果如图 5-123 所示。

【效果所在位置】项目 5/效果/制作立冬节气宣传海报.psd。

图 5-123

# 课后习题——制作服装 App 主页 Banner

【习题知识要点】使用图层蒙版和剪贴蒙版处理产品照片，使用移动工具添加宣传文字，最终效果如图 5-124 所示。

【效果所在位置】项目 5/效果/制作服装 App 主页 Banner.psd。

图 5-124

# 项目 6
# 使用通道与滤镜

## 项目引入

本项目主要介绍通道与滤镜的使用方法。通过对本项目的学习，读者可以掌握通道的基本操作、通道蒙版的创建和使用方法，以及滤镜的使用技巧，从而快速制作出生动、美观的图像。

## 项目目标

- ✔ 掌握通道的操作方法和技巧。
- ✔ 了解滤镜库的功能。
- ✔ 掌握常用滤镜的应用方法。

## 技能目标

- ✔ 掌握婚纱摄影类公众号运营海报的制作方法。
- ✔ 掌握摄影摄像类公众号封面首图的制作方法。

## 素养目标

- ✔ 培养使用通道美化图像的视觉效果的能力。
- ✔ 培养使用不同的滤镜创造独特图像的能力。
- ✔ 能够提出独特的创意和设计概念。

## 任务 6.1　通道的操作

使用"通道"控制面板可以对通道进行创建、复制、删除等操作。

### 6.1.1 "通道"控制面板

使用"通道"控制面板可以管理所有通道并对通道进行编辑。

选择"窗口 > 通道"命令，弹出"通道"控制面板，如图 6-1 所示。在"通道"控制面板中，放置区用于存放当前图像中存在的所有通道。如果选中其中一个通道，选中通道上会出现一个灰色条。如果想选中多个通道，可以按住 Shift 键，再单击其他通道。通道左侧的眼睛图标 ● 用于显示或隐藏通道。

"通道"控制面板的底部有 4 个工具按钮，如图 6-2 所示。

图 6-1　　　　　　　图 6-2

"将通道作为选区载入"按钮 ○：用于将通道作为选区调出。

"将选区存储为通道"按钮 ▣：用于将选区存入通道。

"创建新通道"按钮 ▣：用于创建或复制通道。

"删除当前通道"按钮 🗑：用于删除图像中的通道。

### 6.1.2 创建新通道

在编辑图像的过程中，可以创建新的通道。

单击"通道"控制面板右上方的 ☰ 图标，弹出面板菜单，在其中选择"新建通道"命令，弹出"新建通道"对话框，如图 6-3 所示。

名称：用于设置新通道的名称。色彩指示：用于选择区域，共有两种。颜色：用于设置新通道的颜色。不透明度：用于设置新通道的不透明度。

单击"确定"按钮，"通道"控制面板中生成新通道，即"Alpha 1"，如图 6-4 所示。

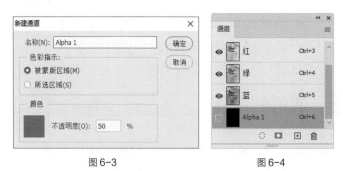

图 6-3　　　　　　　图 6-4

单击"通道"控制面板下方的"创建新通道"按钮 ▣，也可以创建新通道。

### 6.1.3 复制通道

"复制通道"命令用于复制现有的通道,以生成具有相同属性的多个通道。

单击"通道"控制面板右上方的 ☰ 图标,弹出面板菜单,在其中选择"复制通道"命令,弹出"复制通道"对话框,如图 6-5 所示。

图 6-5

为:用于设置复制出的新通道的名称。文档:用于设置复制通道的文件来源。

在"通道"控制面板中将需要复制的通道拖曳到下方的"创建新通道"按钮 ⊞ 上,即可对所选的通道进行复制。

### 6.1.4 删除通道

可以将不用的或废弃的通道删除,以免影响操作。

单击"通道"控制面板右上方的 ☰ 图标,弹出面板菜单,在其中选择"删除通道"命令,即可将通道删除。

选中想要删除的通道,单击"通道"控制面板下方的"删除当前通道"按钮 🗑,弹出提示对话框,如图 6-6 所示,单击"是"

图 6-6

按钮,将通道删除。也可将需要删除的通道直接拖曳到"删除当前通道"按钮 🗑 上进行删除。

### 6.1.5 快速蒙版

打开图像,如图 6-7 所示。选择快速选择工具 ,在属性栏中对工具进行设置,如图 6-8 所示。

图 6-7

图 6-8

选择主体图像,如图 6-9 所示。单击工具箱下方的"以快速蒙版模式编辑"按钮 ▢,进入蒙版状态,选区暂时消失,图像中未选择的区域变为红色,如图 6-10 所示。"通道"控制面板中将自动生成快速蒙版,如图 6-11 所示,快速蒙版图像如图 6-12 所示。

图 6-9

图 6-10

图 6-11

图 6-12

**提示：** 系统预设的蒙版颜色为半透明的红色。

选择画笔工具 ，在属性栏中对工具进行设置，如图 6-13 所示。将快速蒙版中的区域绘制成白色，图像效果和快速蒙版如图 6-14 和图 6-15 所示。

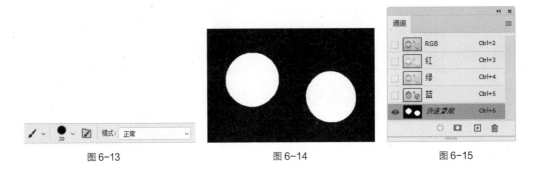

图 6-13　　　　　　　　　　　图 6-14　　　　　　　　　　　图 6-15

## 6.1.6　在 Alpha 通道中存储蒙版

在图像窗口中创建选区，如图 6-16 所示。选择"选择 > 存储选区"命令，弹出"存储选区"对话框，在其中进行设置，如图 6-17 所示，单击"确定"按钮，创建通道蒙版。或单击"通道"控制面板中的"将选区存储为通道"按钮 ，创建通道蒙版，效果如图 6-18 和图 6-19 所示。

将图像保存，再次打开图像时，选择"选择 > 载入选区"命令，弹出"载入选区"对话框，在其中进行设置，如图 6-20 所示，单击"确定"按钮，将通道的选区载入。或单击"通道"控制面板中的"将通道作为选区载入"按钮 ，将通道作为选区载入。

图 6-16

图 6-17

图 6-18　　　　　　　　　　图 6-19　　　　　　　　　　图 6-20

# 任务实践——制作婚纱摄影类公众号运营海报

【任务学习目标】学习使用"通道"控制面板和"计算"命令抠出婚纱图像。

【任务知识要点】使用钢笔工具绘制选区，使用"色阶"命令调整图像，使用"通道"控制面板和"计算"命令抠出婚纱图像，最终效果如图 6-21 所示。

扫码观看　扩展案例
本案例视频

【效果所在位置】项目 6/效果/制作婚纱摄影类公众号运营海报.psd。

（1）按 Ctrl+O 组合键，打开云盘中的"项目 6 > 素材 > 制作婚纱摄影类公众号运营海报 > 01"文件，如图 6-22 所示。

（2）选择钢笔工具 ∅，在属性栏的"选择工具模式"下拉列表中选择"路径"选项，沿着人物的轮廓绘制路径，绘制时要避开半透明的婚纱，效果如图 6-23 所示。

图 6-21　　　　　　　　　　图 6-22　　　　　　　　　　图 6-23

（3）选择路径选择工具 ▶，选取绘制的路径。按 Ctrl+Enter 组合键，将路径转换为选区，效果如图 6-24 所示。单击"通道"控制面板下方的"将选区存储为通道"按钮 ▢，将选区存储为通道，如图 6-25 所示。

图 6-24　　　　　　　　　　图 6-25

（4）将"红"通道拖曳到"通道"控制面板下方的"创建新通道"按钮 ⊞ 上，复制通道，如图 6-26 所示。选择钢笔工具 ⌀，在图像窗口中沿婚纱边缘绘制路径，如图 6-27 所示。按 Ctrl+Enter 组合键，将路径转换为选区，效果如图 6-28 所示。

图 6-26                图 6-27                图 6-28

（5）按 Shift+Ctrl+I 组合键，反选选区，如图 6-29 所示。将前景色设为黑色。按 Alt+Delete 组合键，用前景色填充选区。按 Ctrl+D 组合键，取消选区，效果如图 6-30 所示。

图 6-29                图 6-30

（6）选择"图像 > 计算"命令，在弹出的对话框中进行设置，如图 6-31 所示，单击"确定"按钮，得到新的通道图像，效果如图 6-32 所示。

图 6-31                图 6-32

（7）选择"图像 > 调整 > 色阶"命令，在弹出的对话框中进行设置，如图 6-33 所示，单击"确定"按钮，调整图像，效果如图 6-34 所示。

（8）按住 Ctrl 键的同时，单击"Alpha 2"通道的缩览图，如图 6-35 所示，载入婚纱选区，效果如图 6-36 所示。

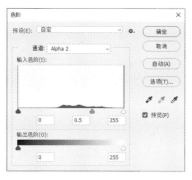

图 6-33            图 6-34

图 6-35            图 6-36

（9）单击"RGB"通道，显示彩色图像。单击"图层"控制面板下方的"添加图层蒙版"按钮 ，添加图层蒙版，如图 6-37 所示，抠出婚纱图像，效果如图 6-38 所示。

图 6-37            图 6-38

（10）按 Ctrl+N 组合键，弹出"新建文档"对话框，设置宽度为 265mm，高度为 417mm，分辨率为 72 像素/英寸，背景内容为灰蓝色（143、153、165），单击"创建"按钮新建文件，如图 6-39 所示。

（11）选择横排文字工具 ，在适当的位置输入需要的文字并选取文字，在属性栏中选择合适的字体并设置文字大小，将文字颜色设置为浅灰色（235、235、235），效果如图 6-40 所示，"图层"控制面板中生成新的文字图层。按 Ctrl+T 组合键，文字周围出现变换框，拖曳变换框左侧中间的控制手柄到适当的位置，调整文字大小，并将其拖曳到适当的位置，按 Enter 键确定操作，效果如图 6-41 所示。

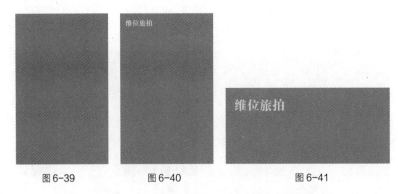

图 6-39　　　　　　图 6-40　　　　　　图 6-41

（12）选择移动工具 ⊕，将"01"文件拖曳到新建的图像窗口中的适当位置并调整其大小，效果如图 6-42 所示。"图层"控制面板中生成新的图层，将其命名为"人物"，如图 6-43 所示。

图 6-42　　　　　　　　图 6-43

（13）按 Ctrl+L 组合键，弹出"色阶"对话框，选项的设置如图 6-44 所示，单击"确定"按钮，图像效果如图 6-45 所示。

（14）按 Ctrl+O 组合键，打开云盘中的"项目 6 > 素材 > 制作婚纱摄影类公众号运营海报 > 02"文件。选择移动工具 ⊕，将图像拖曳到新建的图像窗口中适当的位置，效果如图 6-46 所示，"图层"控制面板中生成新的图层，将其命名为"文字"。婚纱摄影类公众号运营海报制作完成。

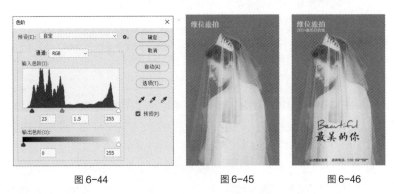

图 6-44　　　　　　图 6-45　　　　　　图 6-46

## 任务 6.2　　滤镜的应用

Photoshop 的"滤镜"菜单提供了多种滤镜，使用这些滤镜命令，可以制作出独特的图像效果。

"滤镜"菜单如图 6-47 所示,下面详细介绍几种常见的滤镜命令。

Photoshop 的"滤镜"菜单分为 4 部分,各部分之间以横线划分。

第 1 部分包含"上次滤镜操作"命令,没有使用滤镜时,此命令为灰色,不可选择。使用任意一种滤镜后,当需要重复使用这种滤镜时,只要直接选择该命令或按 Alt+Ctrl+F 组合键即可。

图 6-47

第 2 部分包含"转换为智能滤镜"命令,智能滤镜可随时进行修改操作。

第 3 部分包含 6 种 Photoshop 滤镜,每个滤镜的功能都十分强大。

第 4 部分包含 11 种 Photoshop 滤镜组,每个滤镜组中都包含多个子滤镜。

### 6.2.1 "滤镜库"命令

选择"滤镜 > 滤镜库"命令,弹出"滤镜库"对话框,在对话框中,左侧为滤镜预览框,显示滤镜应用后的效果;中间为滤镜列表,每个滤镜组下面包含多个滤镜,单击需要的滤镜组,可以浏览该滤镜组中的各个滤镜和相应的滤镜效果;右侧为滤镜参数设置栏,用于设置所用滤镜的各个参数值。

为图像添加"强化的边缘"滤镜,如图 6-48 所示,单击"新建效果图层"按钮 ⊞,生成新的效果图层,如图 6-49 所示。为图像添加"墨水轮廓"滤镜,叠加后的效果如图 6-50 所示。

图 6-48

图 6-49

图 6-50

### 6.2.2　常用的滤镜命令

**1.　"风格化"滤镜组**

使用"风格化"滤镜组中的命令可以使图像产生印象派及其他风格画派作品的效果，它模拟真实艺术手法进行创作。"风格化"子菜单如图6-51所示。应用不同滤镜制作出的效果如图6-52所示。

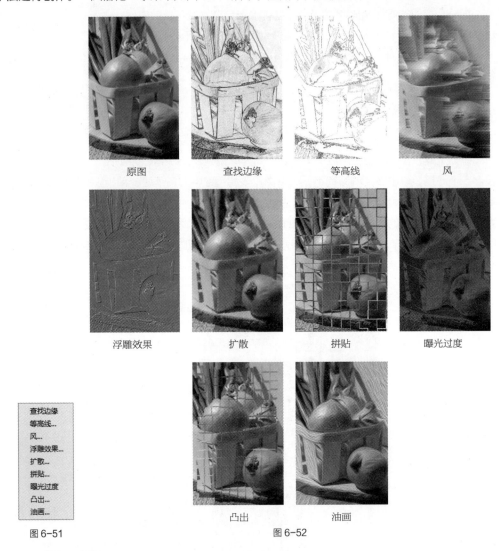

图6-51

图6-52

**2.　"模糊"滤镜组**

使用"模糊"滤镜组中的命令可以使图像中过于清晰或对比强烈的区域产生模糊效果，也可用于制作柔和阴影。"模糊"子菜单如图6-53所示。应用不同滤镜制作出的效果如图6-54所示。

**3.　"模糊画廊"滤镜组**

"模糊画廊"滤镜组中的滤镜使用图钉或路径来控制图像，从而制作出模糊效果。"模糊画廊"子菜单如图6-55所示。应用不同滤镜制作出的效果如图6-56所示。

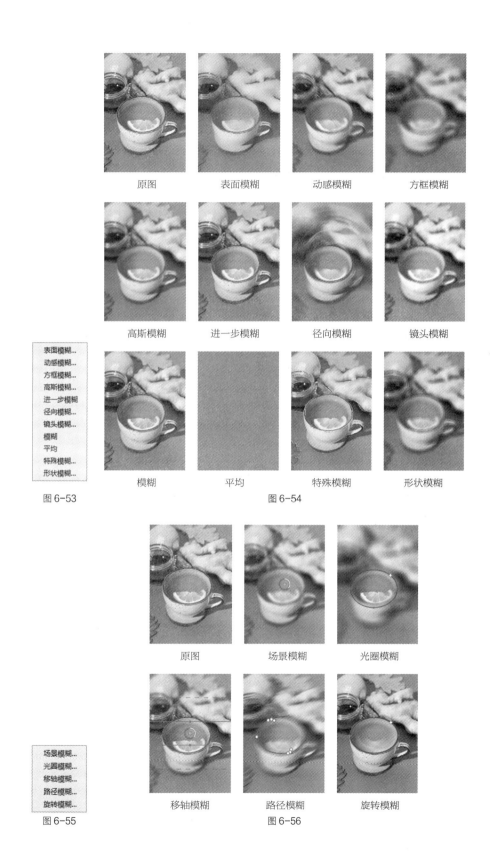

原图　　　　表面模糊　　　　动感模糊　　　　方框模糊

高斯模糊　　　进一步模糊　　　径向模糊　　　镜头模糊

表面模糊…
动感模糊…
方框模糊…
高斯模糊…
进一步模糊…
径向模糊…
镜头模糊…
模糊
平均
特殊模糊…
形状模糊…

图 6-53

模糊　　　　平均　　　　特殊模糊　　　　形状模糊

图 6-54

原图　　　　场景模糊　　　　光圈模糊

场景模糊…
光圈模糊…
移轴模糊…
路径模糊…
旋转模糊…

图 6-55

移轴模糊　　　路径模糊　　　旋转模糊

图 6-56

#### 4. "扭曲"滤镜组

"扭曲"滤镜组中的滤镜用于扭曲图像，使其产生类似波纹的变形效果。"扭曲"子菜单如图6-57所示。应用不同滤镜制作出的效果如图6-58所示。

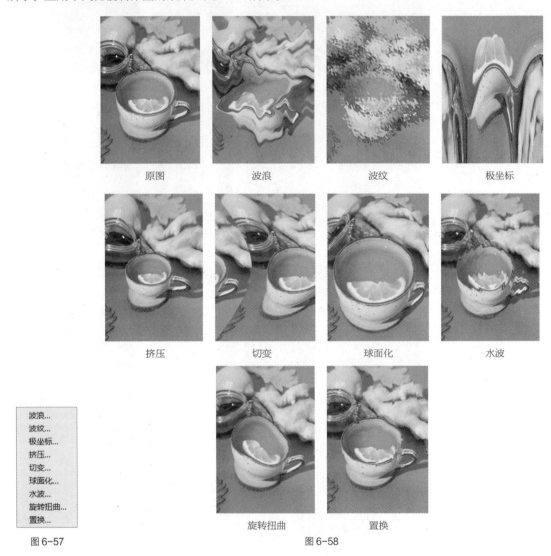

图6-57

图6-58

#### 5. "锐化"滤镜组

"锐化"滤镜组中的滤镜可以提高图像的对比度，从而使图像变清晰或增强图像的轮廓，此组滤镜可减弱图像修改后产生的模糊效果。"锐化"子菜单如图6-59所示。应用不同滤镜制作出的效果如图6-60所示。

#### 6. "像素化"滤镜组

"像素化"滤镜组中的滤镜可以将图像分块或将图像平面化。"像素化"子菜单如图6-61所示。应用不同滤镜制作出的效果如图6-62所示。

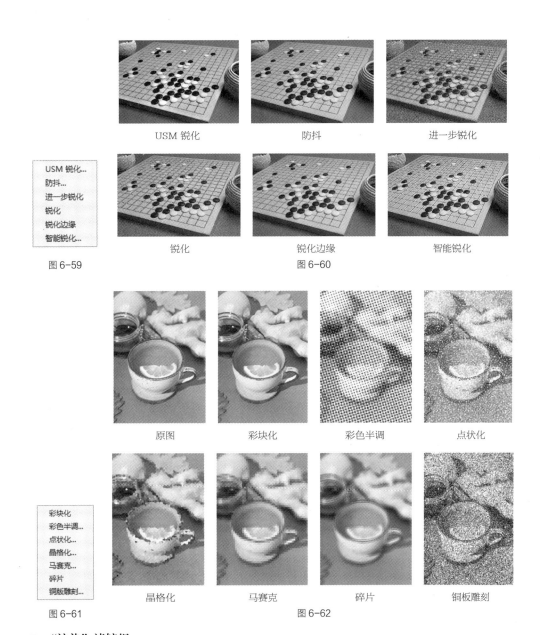

图 6-59

图 6-60

图 6-61

图 6-62

### 7. "渲染"滤镜组

"渲染"滤镜组中的滤镜用于使图像产生照明效果，可以产生不同的光源效果和渲染效果。"渲染"子菜单如图 6-63 所示。应用不同的滤镜制作出的效果如图 6-64 所示。

图 6-63

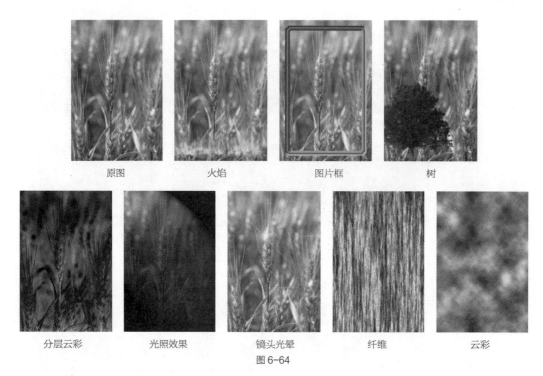

图 6-64

### 8. "杂色"滤镜组

"杂色"滤镜组中的滤镜用于向图像随机添加杂色点，也可以淡化某些杂色点。"杂色"子菜单如图 6-65 所示。应用不同的滤镜制作出的效果如图 6-66 所示。

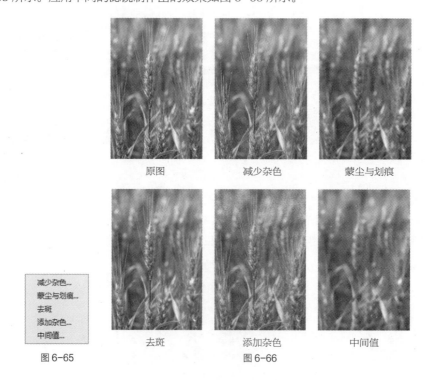

图 6-65

图 6-66

### 6.2.3　滤镜使用技巧

重复使用滤镜、对图像局部使用滤镜，可以使图像产生更加丰富、生动的变化。

**1. 重复使用滤镜**

使用滤镜后，如果效果不理想，可以按 Ctrl+F 组合键，重复使用滤镜。重复使用滤镜库中的"扩散亮光"滤镜的不同效果如图 6-67 所示。

图 6-67

**2. 对图像局部使用滤镜**

对图像局部使用滤镜是常用的处理图像的方法。在要应用滤镜的图像上绘制选区，如图 6-68 所示。对选区中的图像使用"墨水轮廓"滤镜，取消选区后，效果如图 6-69 所示。如果对选区进行羽化后再使用滤镜，可以得到选区图像与原图融为一体的效果。在"羽化选区"对话框中设置"羽化半径"值，如图 6-70 所示，羽化后再使用滤镜，取消选区，效果如图 6-71 所示。

图 6-68　　　　　　图 6-69　　　　　　图 6-70　　　　　　图 6-71

# 任务实践——制作摄影摄像类公众号封面首图

【任务学习目标】学习使用"像素化"和"渲染"滤镜组中的命令制作摄影摄像类公众号封面首图。

【任务知识要点】使用"彩色半调"滤镜命令制作网点图像，使用"高斯模糊"滤镜命令和混合模式调整图像效果，使用"镜头光晕"滤镜命令添加光晕，最终效果如图 6-72 所示。

【效果所在位置】项目 6/效果/制作摄影摄像类公众号封面首图.psd。

图 6-72

（1）按 Ctrl + O 组合键，打开云盘中的"项目 6 > 素材 > 制作摄影摄像类公众号封面首图 > 01"文件，如图 6-73 所示。按 Ctrl+J 组合键，复制图层，如图 6-74 所示。

图 6-73　　　　　　　　　　　　　　　　　图 6-74

（2）选择"滤镜 > 像素化 > 彩色半调"命令，在弹出的对话框中进行设置，如图 6-75 所示，单击"确定"按钮，效果如图 6-76 所示。

图 6-75　　　　　　　　　　　　　　　　　图 6-76

（3）选择"滤镜 > 模糊 > 高斯模糊"命令，在弹出的对话框中进行设置，如图 6-77 所示，单击"确定"按钮，效果如图 6-78 所示。

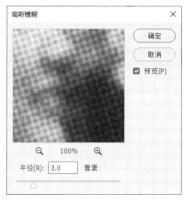

图 6-77　　　　　　　　　图 6-78

（4）在"图层"控制面板上方，将该图层的混合模式设为"正片叠底"，如图 6-79 所示，图像效果如图 6-80 所示。

（5）选择"背景"图层。按 Ctrl+J 组合键，复制"背景"图层，生成新的图层，将其拖曳到"图层 1"的上方，如图 6-81 所示。

图 6-79　　　　　　图 6-80　　　　　　图 6-81

（6）按 D 键，恢复默认前景色和背景色。选择"滤镜 > 滤镜库"命令，在弹出的对话框中进行设置，如图 6-82 所示，单击"确定"按钮，效果如图 6-83 所示。

图 6-82　　　　　　　　　图 6-83

（7）选择"滤镜 > 渲染 > 镜头光晕"命令，在弹出的对话框中进行设置，如图 6-84 所示，单击"确定"按钮，效果如图 6-85 所示。

图 6-84　　　　　　　　　　　图 6-85

（8）在"图层"控制面板上方，将"背景 拷贝"图层的混合模式设为"强光"，如图 6-86 所示，图像效果如图 6-87 所示。

图 6-86　　　　　　　　　　　图 6-87

（9）选择"背景"图层。按 Ctrl+J 组合键，复制"背景"图层，生成新的图层"背景 拷贝 2"。按住 Shift 键的同时，选择"背景 拷贝"图层和"背景 拷贝 2"图层及它们之间的所有图层。按 Ctrl+E 组合键合并图层，并将其命名为"效果"，如图 6-88 所示。

（10）按 Ctrl＋N 组合键，弹出"新建文档"对话框，设置宽度为 1175 像素，高度为 500 像素，分辨率为 72 像素/英寸，颜色模式为 RGB，背景内容为白色，单击"创建"按钮新建文件。选择"01"图像窗口中的"效果"图层。选择移动工具，将图像拖曳到新建的图像窗口中适当的位置，效果如图 6-89 所示。"图层"控制面板中生成新图层，如图 6-90 所示。

（11）按 Ctrl+O 组合键，打开云盘中的"项目 6 ＞ 素材 ＞ 制作摄影摄像类公众号封面首图 ＞ 02"文件。选择移动工具，将"02"图像拖曳到新建的图像窗口中适当的位置，效果如图 6-91 所示。"图层"控制面板中生成新图层，将其命名为"文字"。摄影摄像类公众号封面首图制作完成。

图 6-88　　　　　　　　　　　图 6-89

图 6-90　　　　　　　　　　　　图 6-91

# 项目实践——制作汽车销售类公众号封面首图

【项目知识要点】使用滤镜库中"艺术效果"和"纹理"滤镜组中的滤镜制作图片特效，使用移动工具添加宣传文字，最终效果如图 6-92 所示。

【效果所在位置】项目 6/效果/制作汽车销售类公众号封面首图.psd。

图 6-92

# 课后习题——制作夏至节气宣传海报

【习题知识要点】使用"高斯模糊"滤镜命令调整底图，使用矩形工具、渐变工具和"复制"命令制作长虹玻璃效果，使用混合模式和不透明度制作纹理混合效果，使用滤镜库中的滤镜制作玻璃效果，最终效果如图 6-93 所示。

【效果所在位置】项目 6/效果/制作夏至节气宣传海报.psd。

图 6-93

# 下篇

# 案例实训篇

# 项目 7
# 图标设计

## 项目引入

图标设计是 UI 设计中的重要环节，良好的图标设计可以帮助用户更好地理解产品的功能，是提升用户体验的关键。本项目以多个类型的图标为例，讲解图标的设计与制作技巧。

## 项目目标

- ✔ 了解图标的应用。
- ✔ 了解图标的分类。
- ✔ 掌握图标的绘制思路。
- ✔ 掌握图标的绘制方法和技巧。

## 技能目标

- ✔ 掌握应用商店类 UI 图标的制作方法。
- ✔ 掌握时钟图标的绘制方法。

## 素养目标

- ✔ 培养对图标的创意设计能力。
- ✔ 培养对图标的审美与鉴赏能力。

## 相关知识——图标设计概述

图标（icon）是具有明确指代含义的计算机图形。从广义上讲，图标是高度浓缩，并能快速传达信息，便于记忆的图形符号。图标的应用范围很广，包括软件界面、硬件设备及公共场合等。从狭义上讲，图标则多应用于计算机软件。其中，桌面图标是软件标识，界面中的图标是功能标识。

### 1. 图标的应用

图标应用领域广泛，主要可以应用于公共场所指示、电脑系统桌面、App 界面、网页界面及车载系统等。

### 2. 图标的分类

图标按照应用可以分为产品图标、功能图标及装饰图标，按照设计风格可以分为拟物风格、扁平风格、3D 风格及 2.5D 风格，如图 7-1 所示。

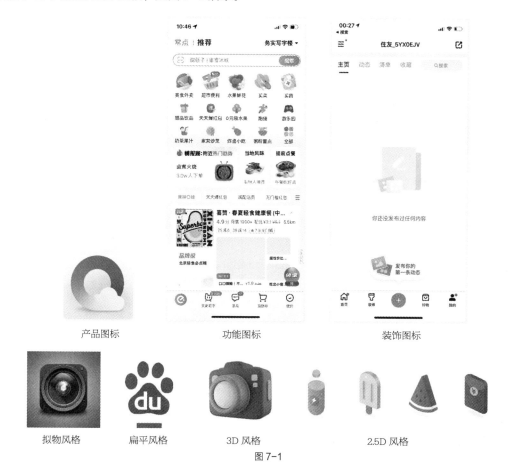

图 7-1

## 任务 7.1　制作应用商店类 UI 图标

### 7.1.1　任务分析

岢基设计公司是一家专门从事 UI（User Interface，用户界面）设计、Logo 设计和界面设计的设计公司。公司现阶段需要为新开发的应用商店设计 UI 图标，要求使用扁平化的设计以表现出 App 的特点，图标要有极高的辨识度。

在设计思路上，使用纯色的背景以突出色彩丰富的图标，使图标醒目且直观；采用立体化的设计让人一目了然，辨识度极高。图标整体简洁明了，亮丽的色彩搭配为画面增加了活泼感。

本任务将使用"路径"控制面板、渐变工具和"填充"命令等制作图标。

### 7.1.2 任务效果

本任务的最终设计效果参看云盘中的"项目 7/效果/制作应用商店类 UI 图标.psd"，如图 7-2 所示。

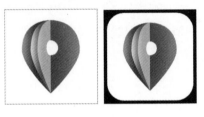

图 7-2

### 7.1.3 任务制作

（1）按 Ctrl+O 组合键，打开云盘中的"项目 7 > 素材 > 制作应用商店类 UI 图标 > 01"文件，"路径"控制面板如图 7-3 所示。选中"路径 1"，如图 7-4 所示，图像效果如图 7-5 所示。

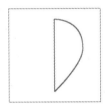

图 7-3　　　　　　　　图 7-4　　　　　　　　图 7-5

（2）按 Ctrl+Enter 组合键，将路径转换为选区，如图 7-6 所示。新建图层并将其命名为"红色渐变"。选择渐变工具 ，单击属性栏中的"点按可编辑渐变"按钮 ，弹出"渐变编辑器"对话框，分别设置两个位置点颜色的 RGB 值为 0（230、60、0）、100（255、144、102），如图 7-7 所示，单击"确定"按钮。按住 Shift 键的同时，按住鼠标左键在选区中由左至右拖曳以填充渐变色。按 Ctrl+D 组合键，取消选区，效果如图 7-8 所示。

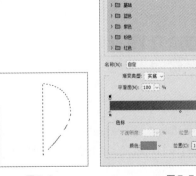

图 7-6　　　　　　　　图 7-7　　　　　　　　图 7-8

（3）在"路径"控制面板中选中"路径 2"，图像效果如图 7-9 所示。按 Ctrl+Enter 组合键，将路径转换为选区，如图 7-10 所示。

 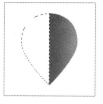

图 7-9　　　　　　　　图 7-10

（4）新建图层并将其命名为"蓝色渐变"。选择渐变工具 ，单击属性栏中的"点按可编辑渐变"按钮 ，弹出"渐变编辑器"对话框，在"位置"数值框中分别输入 47、100，分别设置两个位置点颜色的 RGB 值为 47（0、108、183）、100（124、201、255），如图 7-11 所示，单击"确定"按钮。按住 Shift 键的同时，按住鼠标左键在选区中由右至左拖曳以填充渐变色。按 Ctrl+D 组合键，取消选区，效果如图 7-12 所示。

图 7-11　　　　　　　　　　　　　　　　图 7-12

（5）用相同的方法分别选中"路径 3"和"路径 4"，制作"绿色渐变"和"橙色渐变"图层，效果如图 7-13 所示。在"路径"控制面板中选中"路径 5"，图像效果如图 7-14 所示。按 Ctrl+Enter 组合键，将路径转换为选区，如图 7-15 所示。

图 7-13　　　　　　　图 7-14　　　　　　　图 7-15

（6）新建图层并将其命名为"白色"。选择"编辑 > 填充"命令，在弹出的对话框中进行设置，如图 7-16 所示，单击"确定"按钮，效果如图 7-17 所示。

（7）按 Ctrl+D 组合键，取消选区。应用商店类 UI 图标制作完成，效果如图 7-18 所示。将图标应用在手机界面中，图标会自动应用圆角遮罩效果，如图 7-19 所示。

图 7-16

图 7-17

图 7-18

图 7-19

## 任务 7.2　绘制时钟图标

扫码观看
本案例视频

### 7.2.1　任务分析

微迪设计公司是一家集 UI 设计、Logo 设计、VI（Visual Identity，视觉识别系统）设计和界面设计为一体的设计公司，得到众多客户的一致好评。公司现阶段需要为新开发的时钟 App 设计图标，要求使用拟物化的形式表现出 App 的特征，且要有极高的辨识度。

在设计思路上，使用蓝色的背景营造出清新洁净的氛围，起到衬托主体的作用；立体化和拟物化的设计提高了图标的辨识度；颜色的对比增添了画面的活泼感；整体设计醒目直观，让人一目了然。

本任务将使用椭圆工具和图层样式绘制表盘，使用圆角矩形工具、矩形工具和剪贴蒙版绘制指针和刻度，使用钢笔工具、"图层"控制面板和渐变工具制作投影效果。

### 7.2.2　任务效果

本任务的最终设计效果参看云盘中的"项目 7/效果/绘制时钟图标.psd"，如图 7-20 所示。

图 7-20

### 7.2.3　任务制作

（1）按 Ctrl+N 组合键，弹出"新建文档"对话框，设置宽度为 1024 像素，高度为 1024 像素，分辨率为 72 像素/英寸，颜色模式为 RGB，背景内容为蓝色（55、191、207），单击"创建"按钮新建文件。

（2）选择椭圆工具 ◯ ，在属性栏的"选择工具模式"下拉列表中选择"形状"选项，将填充颜色设为白色，描边颜色设为无。按住 Shift 键的同时，在图像窗口中绘制一个圆形，效果如图 7-21

所示，"图层"控制面板中生成新的形状图层"椭圆 1"。

（3）按 Ctrl+J 组合键，复制"椭圆 1"图层，生成新的图层"椭圆 1 拷贝"。在属性栏中将填充颜色设为粉红色（237、62、58），填充图形，效果如图 7-22 所示。

图 7-21　　　　　　图 7-22

（4）在属性栏中单击"路径操作"按钮，在弹出的菜单中选择"排除重叠形状"命令，如图 7-23 所示。按住 Alt+Shift 组合键的同时，在图像窗口中绘制圆形，效果如图 7-24 所示。

（5）选择路径选择工具，按住 Shift 键的同时，选取内外圈的圆形，如图 7-25 所示。单击属性栏中的"路径对齐方式"按钮，在弹出的面板中单击"水平居中对齐"按钮和"垂直居中对齐"按钮，居中对齐圆形，效果如图 7-26 所示。

图 7-23　　　　　　图 7-24　　　　　　图 7-25　　　　　　图 7-26

（6）单击"图层"控制面板下方的"添加图层样式"按钮，在弹出的菜单中选择"斜面和浮雕"命令，在弹出的对话框中进行设置，如图 7-27 所示；勾选"投影"复选框，切换到相应的面板进行设置，如图 7-28 所示，单击"确定"按钮，效果如图 7-29 所示。

（7）新建图层组并将其命名为"指针"。选择圆角矩形工具，在属性栏中单击"路径操作"按钮，在弹出的菜单中选择"新建图层"命令，将"半径"设为 15 像素，在图像窗口中绘制一个圆角矩形。在属性栏中将填充颜色设为蓝色（55、191、207），描边颜色设为无，效果如图 7-30 所示，"图层"控制面板中生成新的形状图层，将其命名为"分针"。

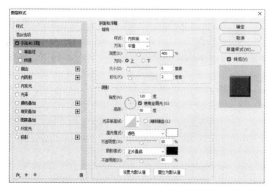

图 7-27　　　　　　　　　　　　　图 7-28

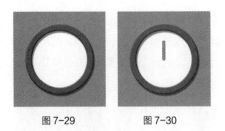

图 7-29          图 7-30

（8）单击"图层"控制面板下方的"添加图层样式"按钮 $fx$ ，在弹出的菜单中选择"投影"命令，在弹出的对话框中进行设置，如图 7-31 所示，单击"确定"按钮，效果如图 7-32 所示。

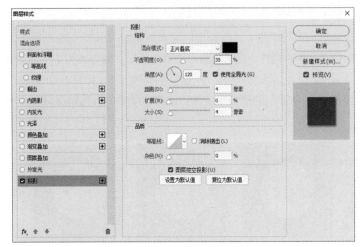

图 7-31                                    图 7-32

（9）选择矩形工具 □ ，在图像窗口中绘制一个矩形。在属性栏中将填充颜色设为深蓝色（15、142、157），描边颜色设为无，效果如图 7-33 所示，"图层"控制面板中生成新的形状图层"矩形 1"。

（10）按 Alt+Ctrl+G 组合键，为"矩形 1"图层创建剪贴蒙版，图像效果如图 7-34 所示。用相同的方法绘制时针、秒针和刻度，效果如图 7-35 所示。

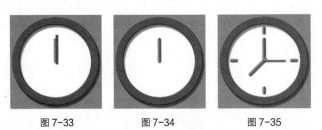

图 7-33                图 7-34                图 7-35

（11）选择椭圆工具 ○ ，按住 Shift 键的同时，在图像窗口中绘制一个圆形。在属性栏中将填充颜色设为粉红色（255、145、144），描边颜色设为无，效果如图 7-36 所示，"图层"控制面板中生成新的形状图层"椭圆 2"。

（12）单击"图层"控制面板下方的"添加图层样式"按钮 $fx$ ，在弹出的菜单中选择"斜面和浮雕"命令，在弹出的对话框中进行设置，如图 7-37 所示；勾选"投影"复选框，切换到相应的面板进行设置，如图 7-38 所示。单击"确定"按钮，效果如图 7-39 所示。

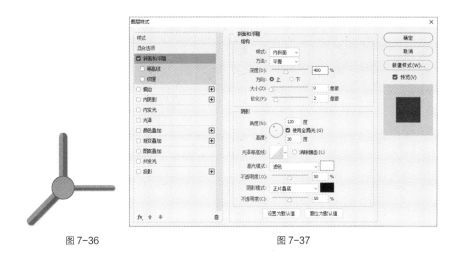

图 7-36                                   图 7-37

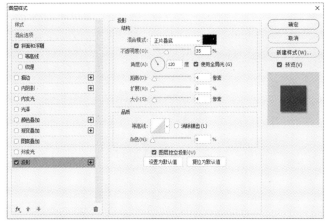

图 7-38                                                         图 7-39

（13）按 Ctrl+J 组合键，复制"椭圆 2"图层，生成新的图层"椭圆 2 拷贝"。按 Ctrl+T 组合键，圆形周围出现变换框，单击属性栏中的"保持长宽比"按钮 ⊖，按住 Alt+Shift 组合键的同时，向内拖曳右上角的控制手柄，等比例缩小圆形，如图 7-40 所示。按 Enter 键确认操作，效果如图 7-41 所示。

（14）在"图层"控制面板中删除"斜面和浮雕"和"投影"样式，图像效果如图 7-42 所示。在属性栏中将填充颜色设为粉红色（237、62、58），填充圆形，效果如图 7-43 所示。

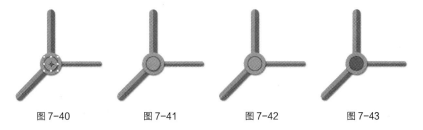

图 7-40             图 7-41             图 7-42             图 7-43

（15）单击"图层"控制面板下方的"添加图层样式"按钮 _fx_，在弹出的菜单中选择"内阴影"命令，在弹出的对话框中进行设置，如图 7-44 所示。单击"确定"按钮，效果如图 7-45 所示。

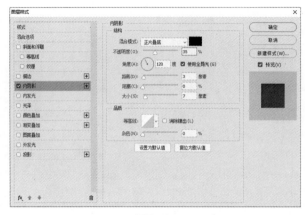

图 7-44                    图 7-45

（16）用相同的方法再复制一个圆形，等比例缩小复制的圆形并添加图层样式，效果如图 7-46 所示。选择钢笔工具 ，在属性栏的"选择工具模式"下拉列表中选择"形状"选项，在图像窗口中绘制形状。在属性栏中将填充颜色设为灰色（29、29、29），描边颜色设为无，效果如图 7-47 所示，"图层"控制面板中生成新的形状图层"投影"。

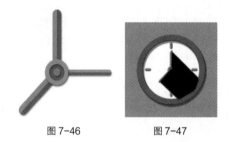

图 7-46                    图 7-47

（17）在"图层"控制面板上方，将"投影"图层的"不透明度"设为 60%，如图 7-48 所示，按 Enter 键确认操作，图像效果如图 7-49 所示。

（18）单击"图层"控制面板下方的"添加图层蒙版"按钮 ，为图层添加蒙版，如图 7-50 所示。选择渐变工具 ，单击属性栏中的"点按可编辑渐变"按钮 ，弹出"渐变编辑器"对话框，将渐变色设为黑色到白色，单击"确定"按钮。按住鼠标左键在形状上从右下角至左上角拖曳以填充渐变色，效果如图 7-51 所示。

图 7-48          图 7-49                    图 7-50          图 7-51

（19）在"图层"控制面板中，将"投影"图层拖曳到"指针"图层组的下方，如图 7-52 所示，图像效果如图 7-53 所示，时钟图标绘制完成。将图标应用在手机界面中，图标会自动应用圆角遮罩效果，如图 7-54 所示。

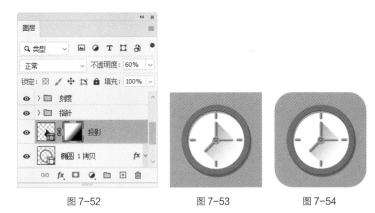

图 7-52          图 7-53          图 7-54

# 项目实践 1——制作备忘录图标

【项目知识要点】使用圆角矩形工具、钢笔工具、矩形工具和矩形选框工具绘制图标，使用渐变工具填充背景和图标，最终效果如图 7-55 所示。

【效果所在位置】项目 7/效果/制作备忘录图标.psd。

图 7-55

# 项目实践 2——绘制记事本图标

【项目知识要点】使用椭圆工具、图层样式、矩形工具和圆角矩形工具绘制记事本，使用矩形工具、"属性"控制面板、多边形工具、剪贴蒙版和图层样式绘制铅笔，使用钢笔工具、"图层"控制面板和渐变工具制作投影效果，最终效果如图 7-56 所示。

【效果所在位置】项目 7/效果/绘制记事本图标.psd。

图 7-56

# 课后习题 1——制作计算器图标

【习题知识要点】使用圆角矩形工具、"属性"控制面板、矩形工具和椭圆工具绘制图标底图和符号，使用图层样式制作立体效果，最终效果如图 7-57 所示。

【效果所在位置】项目 7/效果/制作计算器图标.psd。

图 7-57

# 课后习题 2——制作画板图标

【习题知识要点】使用椭圆工具、钢笔工具和图层样式绘制颜料盘，使用移动工具添加画笔，使用钢笔工具、"图层"控制面板和渐变工具制作投影效果，最终效果如图 7-58 所示。

【效果所在位置】项目 7/效果/制作画板图标.psd。

图 7-58

# 项目 8
# 照片模板设计

## 项目引入

使用照片模板可以为照片快速添加图案、文字和特效。照片模板主要用于日常照片的美化处理和影楼后期设计。从实用性和趣味性出发，可以为数码照片精心设计别具一格的模板。本项目以多个主题的照片模板为例，讲解照片模板的设计与制作技巧。

## 项目目标

- ✔ 了解照片模板的功能。
- ✔ 了解照片模板的特色和分类。
- ✔ 掌握照片模板的设计思路。
- ✔ 掌握照片模板的设计方法。
- ✔ 掌握照片模板的制作技巧。

## 技能目标

- ✔ 掌握户外生活照片模板的制作方法。
- ✔ 掌握旅游建筑照片模板的制作方法。

## 素养目标

- ✔ 培养对照片模板的创意设计能力。
- ✔ 培养对照片模板的审美与鉴赏能力。

## 相关知识——照片模板设计概述

照片模板是具有不同主题、可多次使用的模板，如图8-1所示。根据目标人群年龄的不同，照片模板可分为儿童照片模板、青年照片模板、中年照片模板和老年照片模板；根据模板的设计形式的不同，可分为古典型模板、神秘型模板、豪华型模板等；根据用途的不同，可分为婚纱照片模板、写真照片模板、个性照片模板等。

图 8-1

# 任务 8.1　制作户外生活照片模板

扫码观看
本案例视频

## 8.1.1　任务分析

户外生活照片模板是针对户外生活状态、相处模式，为户外生活量身定做的新颖独特且富有情调的照片模板。本任务将通过对图片和文字的合理编排，展示出户外生活的幸福甜蜜、休闲舒适。

在设计思路上，本任务采用素雅的背景展现出模板的简约大气；使用生活化的照片拉近与人们的距离，增强亲近感；最后用文字记录下这美满的一幕。

本任务将使用矩形工具、"图层"控制面板和剪贴蒙版制作照片，使用移动工具添加装饰和文字。

## 8.1.2　任务效果

本任务的最终设计效果参看云盘中的"项目 8/效果/制作户外生活照片模板.psd"，如图 8-2 所示。

图 8-2

### 8.1.3 任务制作

（1）按 Ctrl+N 组合键，弹出"新建文档"对话框，设置宽度为 1280 像素，高度为 720 像素，分辨率为 72 像素/英寸，颜色模式为 RGB，背景内容为白色，单击"创建"按钮新建文件。

（2）选择矩形工具 □，在图像窗口中绘制矩形。在属性栏中将填充颜色设为鹅黄色（255、254、183），效果如图 8-3 所示，"图层"控制面板中生成新的形状图层"矩形 1"。

（3）按 Ctrl+O 组合键，打开云盘中的"项目 8＞ 素材 ＞ 制作户外生活照片模板 ＞01"文件。选择移动工具 ✛，将图片拖曳到图像窗口中适当的位置，如图 8-4 所示，"图层"控制面板中生成新的图层，将其命名为"人物 1"。按 Alt+Ctrl+G 组合键，创建剪贴蒙版，效果如图 8-5 所示。

图 8-3 　　　　　　　　　　图 8-4 　　　　　　　　　　图 8-5

（4）单击"图层"控制面板下方的"创建新的填充或调整图层"按钮 ◑，在弹出的菜单中选择"色阶"命令，"图层"控制面板中生成"色阶 1"图层，同时弹出"属性"控制面板；在其中进行设置，如图 8-6 所示，按 Enter 键确定操作。

（5）再次单击"图层"控制面板下方的"创建新的填充或调整图层"按钮 ◑，在弹出的菜单中选择"照片滤镜"命令，"图层"控制面板中生成"照片滤镜 1"图层，同时弹出"属性"控制面板；在其中进行设置，如图 8-7 所示，按 Enter 键确定操作，效果如图 8-8 所示。

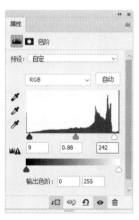

图 8-6 　　　　　　　　　图 8-7 　　　　　　　　　图 8-8

（6）按 Ctrl+O 组合键，打开云盘中的"项目 8＞ 素材 ＞ 制作户外生活照片模板 ＞02"文件。选择移动工具 ✛，将图片拖曳到图像窗口中适当的位置，如图 8-9 所示，"图层"控制面板中生成新的图层，将其命名为"文字"。户外生活照片模板制作完成。

图 8-9

扫码观看
本案例视频

<table><tr><td>**任务 8.2**</td><td>**制作旅游建筑照片模板**</td></tr></table>

### 8.2.1　任务分析

　　旅游类照片模板可用于在讲解游览活动的内容时进行实景展示，所以精致的版面设计及合理的配色非常重要。本任务将通过对图片的合理编排，展示旅游目的地的风土人情和历史文化。

　　在设计思路上，本任务使用纯色的背景搭配旅游景点图片，让人一目了然；使用白色线框与黑色线框作为装饰，以突出图片；左下角为旅行相册标题文字，点明主题；整体设计简洁大方。

　　本任务将使用圆角矩形工具、移动工具和图层样式制作照片，使用调整图层调整照片色调。

### 8.2.2　任务效果

　　本任务的最终设计效果参看云盘中的"项目 8/效果/制作旅游建筑照片模板.psd"，如图 8-10 所示。

图 8-10

### 8.2.3　任务制作

　　（1）按 Ctrl+O 组合键，打开云盘中的"项目 8 > 素材 > 制作旅游建筑照片模板 > 01"文件。选择圆角矩形工具 ▢，在属性栏中将填充颜色设为黑色，描边颜色设为无，"半径"设为 5 像素。在图像窗口中绘制一个圆角矩形，如图 8-11 所示，"图层"控制面板中生成新的形状图层"圆角矩形 1"。

　　（2）单击"图层"控制面板下方的"添加图层样式"按钮 *fx*，在弹出的菜单中选择"投影"命令，弹出"图层样式"对话框，将阴影颜色设为黑色，其他选项的设置如图 8-12 所示。单击"确定"按钮，效果如图 8-13 所示。使用相同的方法再次绘制一个圆角矩形，效果如图 8-14 所示。

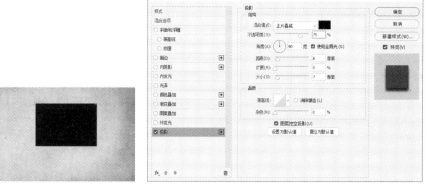

图 8-11                          图 8-12

图 8-13                          图 8-14

（3）按 Ctrl+O 组合键，打开云盘中的"项目 8 > 素材 > 制作旅游建筑照片模板 > 02"文件。选择移动工具 ⊕ ，将图片拖曳到图像窗口中适当的位置，效果如图 8-15 所示，"图层"控制面板中生成新图层，将其命名为"照片 1"。按 Alt+Ctrl+G 组合键，创建剪贴蒙版，效果如图 8-16 所示。

图 8-15                          图 8-16

（4）使用上述方法制作其他照片，效果如图 8-17 所示。按 Ctrl+O 组合键，打开云盘中的"项目 8 > 素材 > 制作旅游建筑照片模板 > 05"文件。选择移动工具 ⊕ ，将图片拖曳到图像窗口中适当的位置，效果如图 8-18 所示，"图层"控制面板中生成新图层，将其命名为"照片 4"。

图 8-17                          图 8-18

（5）单击"图层"控制面板下方的"添加图层样式"按钮 fx，在弹出的菜单中选择"描边"命令，弹出"图层样式"对话框，将描边颜色设为白色，其他选项的设置如图 8-19 所示。勾选"投影"复选框，切换到相应的面板，将阴影颜色设为黑色，其他选项的设置如图 8-20 所示。单击"确定"按钮，效果如图 8-21 所示。

（6）单击"图层"控制面板下方的"创建新的填充或调整图层"按钮 ◑，在弹出的菜单中选择"色相/饱和度"命令，"图层"控制面板中生成"色相/饱和度 1"图层，同时弹出"属性"控制面板；在其中进行设置，如图 8-22 所示，按 Enter 键确定操作，效果如图 8-23 所示。

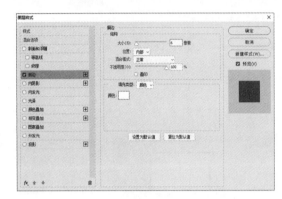
图 8-19

图 8-20

图 8-21

图 8-22

图 8-23

（7）按 Ctrl+O 组合键，打开云盘中的"项目 8 > 素材 > 制作旅游建筑照片模板 > 06"文件。选择移动工具 ⊕，将图片拖曳到图像窗口中适当的位置，效果如图 8-24 所示，"图层"控制面板中生成新图层，将其命名为"图钉 1"。使用相同的方法制作"图钉 2"和"图钉 3"图层，效果如图 8-25 所示。

（8）按 Ctrl+O 组合键，打开云盘中的"项目 8 > 素材 > 制作旅游建筑照片模板 > 09"文件。选择移动工具 ⊕，将图片拖曳到图像窗口中适当的位置，效果如图 8-26 所示，"图层"控制面板中生成新图层，将其命名为"文字"。旅游建筑照片模板制作完成。

图 8-24                      图 8-25                      图 8-26

# 项目实践 1——制作旅游风景照片模板

【项目知识要点】使用矩形工具绘制相框，使用移动工具和剪贴蒙版制作风景照片，使用调整图层调整照片，使用横排文字工具和"字符"控制面板添加文字，最终效果如图 8-27 所示。

【效果所在位置】项目 8/效果/制作旅游风景照片模板.psd。

图 8-27

# 项目实践 2——制作个人写真照片模板

【项目知识要点】使用"照片滤镜"调整图层调整照片，使用矩形工具绘制图框，使用移动工具添加文字，最终效果如图 8-28 示。

【效果所在位置】项目 8/效果/制作个人写真照片模板.psd。

图 8-28

## 课后习题 1——制作传统美食照片模板

【习题知识要点】使用椭圆工具绘制相框，使用移动工具和剪贴蒙版制作照片，使用横排文字工具添加文字，最终效果如图 8-29 所示。

【效果所在位置】项目 8/效果/制作传统美食照片模板.psd。

图 8-29

## 课后习题 2——制作中式家居照片模板

【习题知识要点】使用移动工具和图层样式制作装饰，使用椭圆工具、移动工具和剪贴蒙版制作照片，使用直排文字工具和"字符"控制面板添加文字，最终效果如图 8-30 所示。

【效果所在位置】项目 8/效果/制作中式家居照片模板.psd。

图 8-30

# 项目 9
# App 页面设计

## 项目引入

页面设计是 UI 设计中最重要的部分，页面是最终呈现给用户的结果，因此页面设计涉及版面布局、颜色搭配等工作。本项目以多个类型的 App 页面为例，讲解 App 页面的设计与制作技巧。

## 项目目标

- ✔ 掌握 App 页面设计的基础知识。
- ✔ 掌握 App 页面的设计思路。
- ✔ 掌握 App 页面的制作方法和技巧。

## 技能目标

- ✔ 掌握旅游类 App 首页的制作方法。
- ✔ 掌握旅游类 App 闪屏页的制作方法。

## 素养目标

- ✔ 培养对 App 页面的创意设计能力。
- ✔ 培养对 App 页面的审美与鉴赏能力。

# 相关知识——App 页面设计概述

App（Application，应用）一般指智能手机的第三方应用程序，一些 App 应用的首页如图 9-1 所示。用户主要从应用商店下载 App，比较常用的应用商店有苹果的 App Store、华为应用市场等。应用程序的运行与系统密不可分，目前，市场上主要的智能手机操作系统有苹果公司的 iOS 和谷歌公司的 Android 系统。对 UI 设计师而言，要进行移动页面设计，需要分别学习两大系统的页面设计知识。

图 9-1

## 任务 9.1　　制作旅游类 App 首页

### 9.1.1　任务分析

畅游旅游是一个在线票务服务公司，已创办多年，成功整合了高科技产业与传统旅游行业，为会员提供包括酒店预订、机票预订、度假预订、商旅管理、特惠商户及旅游资讯在内的全方位旅行服务。现为优化公司 App 页面，需要重新设计 App 首页，要求符合公司经营项目的特点。

App 首页的页面布局应合理，模块划分清晰明确。Banner采用风景图与文字相结合的形式，以突出主题。整体色彩鲜艳时尚，使人有浏览兴趣。风景图与介绍性文字合理搭配，相互呼应。

本任务将使用圆角矩形工具、矩形工具和椭圆工具绘制形状，使用"置入嵌入对象"命令置入图片和图标，使用"创建剪贴蒙版"命令调整图片显示区域，使用"渐变叠加"命令添加效果，使用横排文字工具输入文字。

### 9.1.2　任务效果

本任务设计的最终效果参看云盘中的"项目9/效果/制作旅游类 App 首页.psd"，如图9-2所示。

扫码观看
本案例视频

扫码观看
本案例视频

扫码观看
本案例视频

图 9-2

### 9.1.3　任务制作

**1. 制作 Banner、状态栏、导航栏和滑动轴**

（1）按 Ctrl+N 组合键，弹出"新建文档"对话框，设置宽度为 750 像素，高度为 2086 像素，分辨率为 72 像素/英寸，背景内容为浅灰色（249、249、249），如图 9-3 所示。单击"创建"按钮新建文件。

（2）选择"视图 > 新建参考线版面"命令，弹出"新建参考线版面"对话框，在其中进行设置，如图 9-4 所示。单击"确定"按钮，完成参考线版面的创建。

图 9-3　　　　　　　　　　　　　　　　　　图 9-4

（3）选择圆角矩形工具 ▢，在属性栏的"选择工具模式"下拉列表中选择"形状"选项，将填充颜色设为黑色，描边颜色设为无，"半径"设置为 40 像素。在图像窗口中适当的位置绘制圆角矩形，"图层"控制面板中生成新的形状图层"圆角矩形 1"。选择"窗口 > 属性"命令，弹出"属性"控制面板，在其中进行设置，如图 9-5 所示，按 Enter 键确定操作，效果如图 9-6 所示。

（4）选择"文件 > 置入嵌入对象"命令，弹出"置入嵌入的对象"对话框。选择云盘中的"项目 9 >素材 > 制作旅游类 App 首页 > 01"文件，单击"置入"按钮，将图片置入图像窗口并拖曳到适当的位置；按 Enter 键确定操作，"图层"控制面板中生成新的图层，将其命名为"底图"。按 Alt+Ctrl+G 组合键，为图层创建剪贴蒙版，效果如图 9-7 所示。

图 9-5　　　　　　　　　　图 9-6　　　　　　　　　　图 9-7

（5）选择"文件 > 置入嵌入对象"命令，弹出"置入嵌入的对象"对话框。选择云盘中的"项目9 > 素材 > 制作畅游旅游 App 首页 > 02"文件，单击"置入"按钮，将图片置入图像窗口并拖曳到适当的位置；按 Enter 键确定操作，"图层"控制面板中生成新的图层，将其命名为"树"。

（6）单击"图层"控制面板下方的"添加图层样式"按钮 *fx*，在弹出的菜单中选择"描边"命令，弹出对话框，将描边颜色设为白色，其他选项的设置如图 9-8 所示，单击"确定"按钮。按 Alt+Ctrl+G 组合键，为"树"图层创建剪贴蒙版，效果如图 9-9 所示。

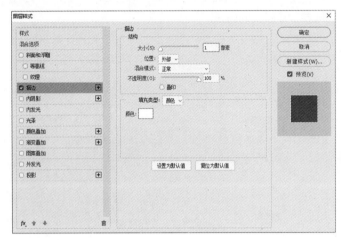

图 9-8

图 9-9

（7）选择横排文字工具 **T**，在适当的位置输入需要的文字并选取文字。选择"窗口 > 字符"命令，弹出"字符"控制面板，将颜色设为白色，其他选项的设置如图 9-10 所示，按 Enter 键确定操作，"图层"控制面板中生成新的文字图层。选中文字"6"，在"字符"控制面板中进行设置，按 Enter 键确定操作，效果如图 9-11 所示。

（8）按 Ctrl+J 组合键，复制文字图层，"图层"控制面板中生成新的文字图层"景点6折起 拷贝"。选择横排文字工具 **T**，删除不需要的文字，并调整文字位置，如图 9-12 所示。在"图层"控制面板中将图层的"填充"选项设为 0%。

图 9-10

图 9-11

图 9-12

（9）单击"图层"控制面板下方的"添加图层样式"按钮 *fx*，在弹出的菜单中选择"描边"命令，弹出"图层样式"对话框，将描边颜色设为白色，其他选项的设置如图 9-13 所示。单击"确定"按钮，效果如图 9-14 所示。

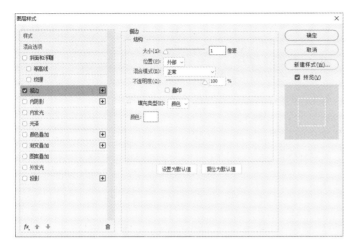

图 9-13

图 9-14

（10）选择圆角矩形工具 ⬭ ，在属性栏中将填充颜色设为白色，描边颜色设为无，"半径"设置为 4 像素。在图像窗口中适当的位置绘制圆角矩形，如图 9-15 所示，"图层"控制面板中生成新的形状图层"圆角矩形 2"。

（11）单击"图层"控制面板下方的"添加图层样式"按钮 *fx* ，在弹出的菜单中选择"渐变叠加"命令，弹出"图层样式"对话框；单击"渐变"选项右侧的"点按可编辑渐变"按钮 ▬▬▬ ，弹出"渐变编辑器"对话框；分别设置两个位置点颜色的 RGB 值为 0（255、137、51）、100（250、175、137），如图 9-16 所示。

图 9-15

图 9-16

（12）单击"确定"按钮，返回"图层样式"对话框，其他选项的设置如图 9-17 所示。勾选"描边"复选框，切换到相应的面板，设置描边颜色为淡黄色（255、248、234），其他选项的设置如图 9-18 所示，单击"确定"按钮。

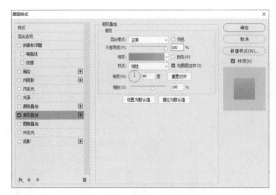
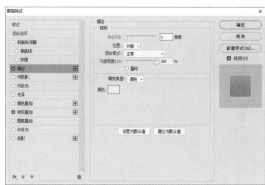

图9-17          图9-18

（13）选择横排文字工具 **T.**，在适当的位置输入需要的文字并选取文字，在属性栏中设置适当的字体和文字大小，将文字颜色设为白色，效果如图 9-19 所示。"图层"控制面板中生成新的文字图层。

（14）选择钢笔工具 **Ø.**，在属性栏中将填充颜色设为无，描边颜色设为白色，粗细设为 1 像素，在适当的位置绘制一条曲线，如图 9-20 所示，"图层"控制面板中生成新的形状图层"形状 1"。使用相同的方法绘制多条曲线，效果如图 9-21 所示，"图层"控制面板中分别生成新的形状图层。

图9-19          图9-20          图9-21

（15）按住 Shift 键的同时，单击"形状 1"图层，将需要的图层同时选取。按 Ctrl+G 组合键组合图层并将其命名为"装饰"，如图 9-22 所示。按住 Shift 键的同时，单击"圆角矩形 1"图层，将需要的图层同时选取。按 Ctrl+G 组合键组合图层并将其命名为"Banner"，如图 9-23 所示。

（16）选择"文件 > 置入嵌入对象"命令，弹出"置入嵌入的对象"对话框。选择云盘中的"项目 9 >素材 > 制作旅游类 App 首页 > 03"文件，单击"置入"按钮，将图片置入图像窗口，并拖曳到适当的位置，按 Enter 键确定操作，如图 9-24 所示。"图层"控制面板中生成新的图层，将其命名为"状态栏"。按 Ctrl + G 组合键组合图层并将其命名为"状态栏"。

图9-22          图9-23          图9-24

（17）选择"视图 > 新建参考线"命令，弹出"新建参考线"对话框，在其中进行设置，如图 9-25 所示。单击"确定"按钮，完成参考线的创建，效果如图 9-26 所示。

（18）按 Ctrl + O 组合键，打开云盘中的"项目 9 > 素材 > 制作旅游类 App 首页 > 04"文件，在"图层"控制面板中选中"导航栏"图层组。选择移动工具 ⊕，将选取的图层组拖曳到新建的图像窗口中适当的位置，效果如图 9-27 所示。

图 9-25

图 9-26

图 9-27

（19）选择圆角矩形工具 ▢，在属性栏中将填充颜色设为白色，描边颜色设为无，"半径"设置为 6 像素。在图像窗口中适当的位置绘制圆角矩形，如图 9-28 所示，"图层"控制面板中生成新的形状图层"圆角矩形 3"。

（20）选择椭圆工具 ◯，按住 Shift 键的同时，在图像窗口中适当的位置绘制圆形，"图层"控制面板中生成新的形状图层 "椭圆 1"。将"椭圆 1"图层的"不透明度"设为 60%，效果如图 9-29 所示。

（21）选择路径选择工具 ▸，选中圆形，按住 Alt+Shift 组合键的同时，在图像窗口中将其水平向右拖曳，复制形状。使用相同的方法再次复制 3 个圆形，效果如图 9-30 所示。按住 Shift 键的同时，单击"圆角矩形 3"图层，将需要的图层同时选取。按 Ctrl+G 组合键组合图层并将其命名为"滑动轴"。

图 9-28

图 9-29

图 9-30

### 2. 制作金刚区、瓷片区、分段控件和热搜区域

（1）选择"视图 > 新建参考线"命令，弹出"新建参考线"对话框，在其中进行设置，如图 9-31 所示，单击"确定"按钮，完成参考线的创建。再次选择"视图 > 新建参考线"命令，弹出"新建参考线"对话框，在其中进行设置，如图 9-32 所示，在距离上方参考线 96 像素的位置新建一条水平参考线。使用相同的方法再次新建一条参考线，设置如图 9-33 所示，在距离上方参考线 24 像素的位置新建一条水平参考线，分别单击"确定"按钮，完成参考线的创建。

（2）按 Ctrl + O 组合键，打开云盘中的"项目 9 > 素材 > 制作旅游类 App 首页 > 05"文件，在"图层"控制面板中选中"金刚区"图层组。选择移动工具 ⊕，将选取的图层组拖曳到新建的图像窗口中适当的位置，如图 9-34 所示，效果如图 9-35 所示。

图 9-31　　　　　　　　图 9-32　　　　　　　　图 9-33

图 9-34　　　　　　　　　　　图 9-35

（3）选择"视图 > 新建参考线"命令，弹出"新建参考线"对话框，在其中进行设置，如图 9-36 所示，在距离上方参考线 24 像素的位置新建一条水平参考线。使用相同的方法再次新建一条参考线，设置如图 9-37 所示，在距离上方参考线 360 像素的位置新建一条水平参考线。分别单击"确定"按钮，完成参考线的创建。

（4）选择"视图 > 新建参考线"命令，弹出"新建参考线"对话框，在其中进行设置，如图 9-38 所示。使用相同的方法再次新建一条垂直参考线，设置如图 9-39 所示。分别单击"确定"按钮，完成参考线的创建。

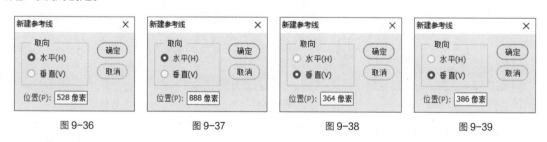

　　图 9-36　　　　　　　　图 9-37　　　　　　　　图 9-38　　　　　　　　图 9-39

（5）按 Ctrl＋O 组合键，打开云盘中的"项目 9 > 素材 > 制作旅游类 App 首页 > 06"文件，在"图层"控制面板中选中"瓷片区"图层组。选择移动工具 ，将选取的图层组拖曳到新建的图像窗口中适当的位置，效果如图 9-40 所示。

（6）选择"视图 > 新建参考线"命令，弹出"新建参考线"对话框，设置如图 9-41 所示，在距离上方参考线 24 像素的位置新建一条水平参考线。使用相同的方法再次新建一条参考线，设置如图 9-42 所示，在距离上方参考线 72 像素的位置新建一条水平参考线。分别单击"确定"按钮，完成参考线的创建。

图 9-40          图 9-41          图 9-42

（7）按 Ctrl+O 组合键，打开云盘中的"项目 9> 素材 > 制作旅游类 App 首页 > 07"文件，在"图层"控制面板中选中"分段控件"图层组。选择移动工具 ⊕，将选取的图层组拖曳到新建的图像窗口中适当的位置，效果如图 9-43 所示。

（8）选择"视图 > 新建参考线"命令，弹出"新建参考线"对话框，设置如图 9-44 所示，在距离上方参考线 16 像素的位置新建一条水平参考线。使用相同的方法再次新建一条参考线，如图 9-45 所示，在距离上方参考线 44 像素的位置新建一条水平参考线。分别单击"确定"按钮，完成参考线的创建。

图 9-43          图 9-44          图 9-45

（9）选择圆角矩形工具 ▢，在属性栏中将填充颜色设为浅灰色（240、242、245），描边颜色设为无，"半径"设置为 22 像素。在图像窗口中适当的位置绘制圆角矩形，如图 9-46 所示，"图层"控制面板中生成新的形状图层"圆角矩形 5"。

（10）选择"文件 > 置入嵌入对象"命令，弹出"置入嵌入的对象"对话框。选择云盘中的"项目 9> 素材 > 制作旅游类 App 首页 > 08"文件，单击"置入"按钮，将图标置入图像窗口，拖曳到适当的位置并调整其大小，按 Enter 键确定操作，如图 9-47 所示。"图层"控制面板中生成新的图层，将其命名为"热门"。

（11）选择横排文字工具 T，在适当的位置输入需要的文字并选取文字，在属性栏中设置适当的字体和文字大小，将文字颜色设为深灰色（125、131、140），效果如图 9-48 所示，"图层"控制面板中生成新的文字图层。

图 9-46          图 9-47          图 9-48

（12）按住 Shift 键的同时，单击"圆角矩形 5"图层，将需要的图层同时选取。按 Ctrl+G 组合键组合图层并将其命名为"火星营地"，如图 9-49 所示。使用相同的方法分别绘制形状并输入文字，如图 9-50 所示，效果如图 9-51 所示。

（13）按住 Shift 键的同时，单击"火星营地"图层组，将需要的图层组同时选取。按 Ctrl+G 组合键组合图层组并将其命名为"热搜"。

图 9-49          图 9-50          图 9-51

### 3. 制作瀑布流和标签栏

（1）选择"视图 > 新建参考线"命令，弹出"新建参考线"对话框，设置如图 9-52 所示，在距离上方参考线 24 像素的位置新建一条水平参考线。单击"确定"按钮，完成参考线的创建，效果如图 9-53 所示。

图 9-52          图 9-53

（2）选择圆角矩形工具 ，在属性栏中将填充颜色设为灰色（199、207、220），描边颜色设为无，"半径"设置为 10 像素。在图像窗口中适当的位置绘制圆角矩形，如图 9-54 所示，"图层"控制面板中生成新的形状图层"圆角矩形 6"。

（3）选择"文件 > 置入嵌入对象"命令，弹出"置入嵌入的对象"对话框。选择云盘中的"项目 9 > 素材 > 制作旅游类 App 首页 > 09"文件，单击"置入"按钮，将图片置入图像窗口，并拖曳到适当的位置。按 Enter 键确定操作，"图层"控制面板中生成新的图层，将其命名为"图片 1"。按 Alt+Ctrl+G 组合键，为图层创建剪贴蒙版，效果如图 9-55 所示。

（4）选择圆角矩形工具 ，在属性栏中将填充颜色设为灰色（199、207、220），描边颜色设为无，"半径"设置为 10 像素。在图像窗口中适当的位置绘制圆角矩形，如图 9-56 所示，"图层"控制面板中生成新的形状图层 "圆角矩形 7"。

（5）单击"图层"控制面板下方的"添加图层样式"按钮 fx ，在弹出的菜单中选择"渐变叠加"命令，弹出"图层样式"对话框；单击"渐变"选项右侧的"点按可编辑渐变"按钮 ，弹出"渐变编辑器"对话框，分别设置两个位置点颜色的 RGB 值为 0（251、99、75）、100（251、

129、66），如图 9-57 所示。

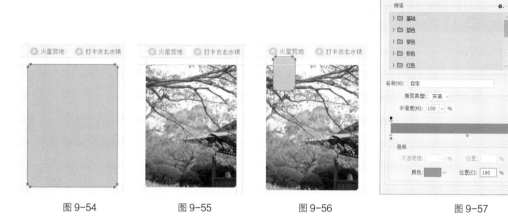

| 图 9-54 | 图 9-55 | 图 9-56 | 图 9-57 |

（6）单击"确定"按钮，返回"图层样式"对话框。其他选项的设置如图 9-58 所示，单击"确定"按钮。按 Alt+Ctrl+G 组合键，为图层创建剪贴蒙版，效果如图 9-59 所示。

（7）选择横排文字工具 **T.**，在适当的位置输入需要的文字并选取文字，在属性栏中分别设置适当的字体和文字大小，将文字颜色设为白色，效果如图 9-60 所示。"图层"控制面板中生成新的文字图层。

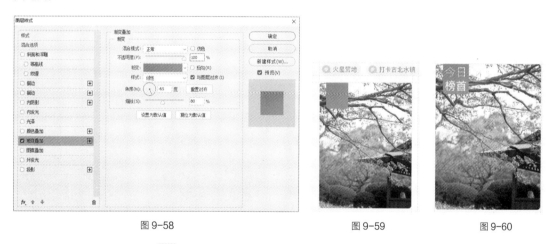

| 图 9-58 | 图 9-59 | 图 9-60 |

（8）选择圆角矩形工具 ⬜，在属性栏中将填充颜色设为白色，描边颜色设为无，"半径"设置为 10 像素。在图像窗口中适当的位置绘制圆角矩形，效果如图 9-61 所示，"图层"控制面板中生成新的形状图层"圆角矩形 8"。

（9）单击"图层"控制面板下方的"添加图层样式"按钮 **fx**，在弹出的菜单中选择"渐变叠加"命令，弹出"图层样式"对话框；单击"渐变"选项右侧的"点按可编辑渐变"按钮 ▬▬▬ ，弹出"渐变编辑器"对话框；分别设置两个位置点颜色的 RGB 值为 0（239、103、75）、100（251、129、66），设置两个位置点的不透明度为 0（70%）、70（0%），如图 9-62 所示。单击"确定"按钮，返回"图层样式"对话框，其他选项的设置如图 9-63 所示，单击"确定"按钮。

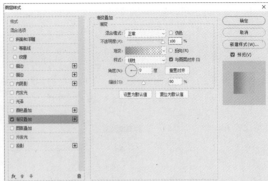

| 图 9-61 | 图 9-62 | 图 9-63 |
|---|---|---|

（10）在"图层"控制面板中将该图层的"填充"选项设为4%，如图9-64所示，按Enter键确定操作，效果如图9-65所示。

（11）选择"文件 > 置入嵌入对象"命令，弹出"置入嵌入的对象"对话框。选择云盘中的"项目9 > 素材 > 制作旅游类App首页 > 10"文件，单击"置入"按钮，将图标置入图像窗口，拖曳到适当的位置并调整其大小，按Enter键确定操作，如图9-66所示。"图层"控制面板中生成新的图层，将其命名为"位置"。

（12）选择横排文字工具 **T.**，在适当的位置输入需要的文字并选取文字，在属性栏中设置适当的字体和文字大小，将文字颜色设为白色，效果如图9-67所示，"图层"控制面板中生成新的文字图层。

| 图 9-64 | 图 9-65 | 图 9-66 | 图 9-67 |
|---|---|---|---|

（13）选择圆角矩形工具 ◻️，在属性栏中将填充颜色设为白色，描边颜色设为无，"半径"设置为10像素。在图像窗口中适当的位置绘制圆角矩形，"图层"控制面板中生成新的形状图层"圆角矩形9"。在"图层"控制面板中将该图层的"不透明度"设为80%，如图9-68所示，按Enter键确定操作，效果如图9-69所示。

（14）选择横排文字工具 **T.**，在适当的位置输入需要的文字并选取文字，在属性栏中设置适当的字体和文字大小，将文字颜色设为深灰色（52、52、52），效果如图9-70所示，"图层"控制面板中生成新的文字图层。

（15）选择椭圆工具 ⬭，在属性栏中将填充颜色设为黑色，按住Shift键的同时，在图像窗口中适当的位置绘制圆形，如图9-71所示，"图层"控制面板中生成新的形状图层"椭圆3"。

图 9-68

图 9-69

图 9-70

图 9-71

（16）选择"文件 > 置入嵌入对象"命令，弹出"置入嵌入的对象"对话框。选择云盘中的"项目 9 > 素材 > 制作旅游类 App 首页 > 11"文件，单击"置入"按钮，将图片置入图像窗口，拖曳到适当的位置并调整其大小，按 Enter 键确定操作。"图层"控制面板中生成新的图层，将其命名为"头像"。按 Alt+Ctrl+G 组合键，为图层创建剪贴蒙版，效果如图 9-72 所示。

（17）选择横排文字工具 **T.**，在适当的位置分别输入需要的文字并选取文字，在属性栏中设置适当的字体和文字大小，将文字颜色设为灰色（80、80、80），效果如图 9-73 所示，"图层"控制面板中分别生成新的文字图层。

（18）选择"文件 > 置入嵌入对象"命令，弹出"置入嵌入的对象"对话框。选择云盘中的"项目 9 > 素材 > 制作旅游类 App 首页 > 12"文件，单击"置入"按钮，将图标置入图像窗口，拖曳到适当的位置并调整其大小，按 Enter 键确定操作，如图 9-74 所示。"图层"控制面板中生成新的图层，将其命名为"返回"。

图 9-72

图 9-73

图 9-74

（19）选择圆角矩形工具 □，在属性栏中将填充颜色设为深绿色（185、202、206），描边颜色设为无，"半径"设置为 10 像素。在图像窗口中适当的位置绘制圆角矩形，"图层"控制面板中生成新的形状图层"圆角矩形 10"。在"属性"控制面板中进行设置，如图 9-75 所示，按 Enter 键确定操作。单击"蒙版"按钮，设置如图 9-76 所示，按 Enter 键确定操作，效果如图 9-77 所示。

（20）在"图层"控制面板中将"圆角矩形 10"图层的"不透明度"设为 60%，并将其拖曳到"圆角矩形 6"图层的下方，如图 9-78 所示，效果如图 9-79 所示。按住 Shift 键的同时，单击"返回"图层，将需要的图层同时选取。按 Ctrl+G 组合键组合图层并将其命名为"今日榜首"。

（21）使用相同的方法分别绘制形状、置入图片并输入文字，如图 9-80 所示，效果如图 9-81 所示。按住 Shift 键的同时，单击"今日榜首"图层组，将需要的图层组同时选取。按 Ctrl+G 组合键组合图层组并将其命名为"瀑布流"，如图 9-82 所示。

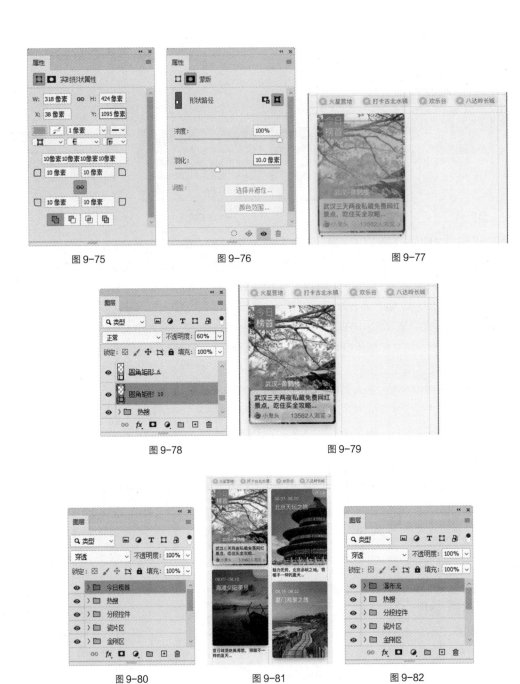

图 9-75　　　　　　　　图 9-76　　　　　　　　图 9-77

图 9-78　　　　　　　　　　　　　　图 9-79

图 9-80　　　　　　　　图 9-81　　　　　　　　图 9-82

（22）选择"视图 > 新建参考线"命令，弹出"新建参考线"对话框，设置如图 9-83 所示，单击"确定"按钮，完成参考线的创建。选择矩形工具 ▢，在属性栏中将填充颜色设为白色，描边颜色设为无。在图像窗口中适当的位置绘制矩形，如图 9-84 所示，"图层"控制面板中生成新的形状图层"矩形 3"。

（23）按 Ctrl + O 组合键，打开云盘中的"项目 9 > 素材 > 制作旅游类 App 首页 > 16"文件，在"图层"控制面板中选中"标签栏"图层组。选择移动工具 ✛，将选取的图层组拖曳到新建的图像窗口中适当的位置，效果如图 9-85 所示。

图 9-83　　　　　　　　　　图 9-84　　　　　　　　　　图 9-85

（24）选择矩形工具 □ ，在属性栏中将填充颜色设为深蓝色（42、42、68），描边颜色设为无。在图像窗口中适当的位置绘制矩形，"图层"控制面板中生成新的形状图层"矩形 4"。在"属性"控制面板中单击"蒙版"按钮，设置如图 9-86 所示，按 Enter 键确定操作，效果如图 9-87 所示。

（25）在"图层"控制面板中将"矩形 4"图层的"不透明度"设为 30%，并将其拖曳到"矩形 3"图层的下方，效果如图 9-88 所示。

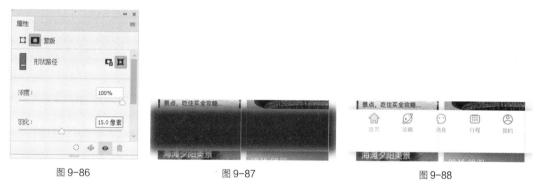

图 9-86　　　　　　　　　　图 9-87　　　　　　　　　　图 9-88

（26）展开"标签栏"图层组，选中"矩形 4"图层，按住 Shift 键的同时，单击"矩形 3"图层，将需要的图层同时选取，将其拖曳到"首页"图层的下方，如图 9-89 所示。折叠"标签栏"图层组。

（27）选择"文件 > 置入嵌入对象"命令，弹出"置入嵌入的对象"对话框。选择云盘中的"项目 9 > 素材 > 制作旅游类 App 首页 > 17"文件，单击"置入"按钮，将图片置入图像窗口并拖曳到适当的位置，按 Enter 键确定操作，效果如图 9-90 所示。"图层"控制面板中生成新的图层，将其命名为"Home Indicator"。旅游类 App 首页制作完成。

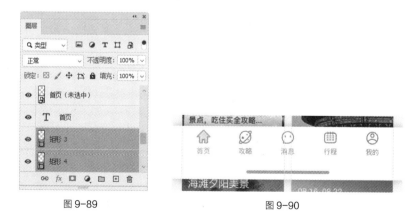

图 9-89　　　　　　　　　　图 9-90

# 任务9.2　制作旅游类 App 闪屏页

## 9.2.1　任务分析

畅游旅游是一家在线票务服务公司，已创办多年，成功整合了高科技产业与传统旅游行业，为会员提供包括酒店预订、机票预订、度假预订、商旅管理、特惠商户及旅游资讯在内的全方位旅行服务。现为优化公司 App 页面，需要重新设计 App 闪屏页，要求以风景为主，以吸引客户。

App 闪屏页以风景图片为主，以展示公司的经营项目。宣传语排版合理，便于观看。整体色彩鲜艳时尚，使人有浏览兴趣。

本任务将使用"置入嵌入对象"命令置入图像，使用"颜色叠加"命令添加效果。

## 9.2.2　任务效果

本任务的最终设计效果参看云盘中的"项目 9/效果/制作旅游类 App 闪屏页.psd"，如图 9-91 所示。

## 9.2.3　任务制作

（1）按 Ctrl+N 组合键，弹出"新建文档"对话框，设置宽度为 750 像素，高度为 1624 像素，分辨率为 72 像素/英寸，背景内容为白色，如图 9-92 所示。单击"创建"按钮新建文件。

（2）选择"文件 > 置入嵌入对象"命令，弹出"置入嵌入的对象"对话框。选择云盘中的"项目 9 > 素材 > 制作旅游类 App 闪屏页 > 01"文件，单击"置入"按钮，将图片置入图像窗口，按 Enter 键确定操作，效果如图 9-93 所示。"图层"控制面板中生成新的图层，将其命名为"背景图"。

图 9-91

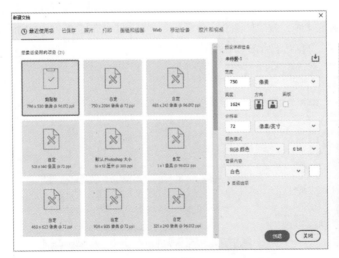

图 9-92

图 9-93

（3）选择"视图 > 新建参考线"命令，弹出"新建参考线"对话框，设置如图 9-94 所示。单击"确定"按钮，完成参考线的创建，效果如图 9-95 所示。

（4）选择"视图 > 新建参考线版面"命令，弹出"新建参考线版面"对话框，设置如图 9-96 所示。单击"确定"按钮，完成参考线版面的创建，效果如图 9-97 所示。

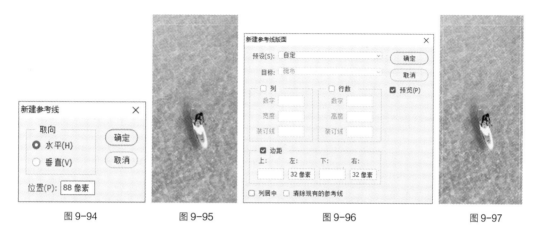

图 9-94　　　　　图 9-95　　　　　　　　图 9-96　　　　　　　　图 9-97

（5）选择"文件 > 置入嵌入对象"命令，弹出"置入嵌入的对象"对话框。选择云盘中的"项目 9 > 素材 > 制作旅游类 App 闪屏页 > 02"文件，单击"置入"按钮，将图片置入图像窗口，并拖曳到适当的位置，按 Enter 键确定操作，效果如图 9-98 所示。"图层"控制面板中生成新的图层，将其命名为"状态栏"。

图 9-98

（6）单击"图层"控制面板下方的"添加图层样式"按钮 _fx_，在弹出的菜单中选择"颜色叠加"命令，弹出"图层样式"对话框，将叠加颜色设为白色，其他选项的设置如图 9-99 所示。单击"确定"按钮，效果如图 9-100 所示。

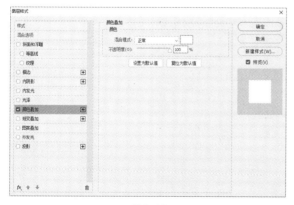

图 9-99

图 9-100

（7）选择"文件 > 置入嵌入对象"命令，弹出"置入嵌入的对象"对话框。选择云盘中的"项目 9 >

素材 > 制作旅游类 App 闪屏页 > 03"文件，单击"置入"按钮，将图片置入图像窗口，拖曳到适当的位置并调整其大小，按 Enter 键确定操作。"图层"控制面板中生成新的图层，将其命名为"Logo"。选择"窗口 > 属性"命令，弹出"属性"控制面板，设置如图 9-101 所示，效果如图 9-102 所示。

（8）选择"文件 > 置入嵌入对象"命令，弹出"置入嵌入的对象"对话框。选择云盘中的"项目 9 > 素材 > 制作旅游类 App 闪屏页 > 04"文件，单击"置入"按钮，将图片置入图像窗口，并拖曳到适当的位置，按 Enter 键确定操作。"图层"控制面板中生成新的图层，将其命名为"Home Indicator"。在"图层"控制面板中将其不透明度设为 60%，如图 9-103 所示，按 Enter 键确定操作，效果如图 9-104 所示。旅游类 App 闪屏页制作完成。

图 9-101　　　　　　　　图 9-102　　　　　　　　图 9-103　　　　　　　　图 9-104

# 项目实践 1——制作旅游类 App 引导页

【项目知识要点】使用"置入嵌入对象"命令置入图像和图标，使用"渐变叠加"命令和"颜色叠加"命令添加相应效果，使用横排文字工具输入文字，最终效果如图 9-105 所示。

【效果所在位置】项目 9/效果/制作旅游类 App 引导页.psd。

图 9-105

扫码观看
本案例视频

扫码观看
本案例视频

扫码观看
本案例视频

# 项目实践 2——制作旅游类 App 个人中心页

【项目知识要点】使用圆角矩形工具、矩形工具、椭圆工具和直线工具绘制形状，使用"置入嵌入对象"命令置入图片和图标，使用"创建剪贴蒙版"命令调整图片显示区域，使用"渐变叠加"命令添加效果，使用"属性"控制面板制作弥散投影效果，使用横排文字工具输入文字。最终效果如图 9-106 所示。

【效果所在位置】项目 9/效果/制作旅游类 App 个人中心页.psd。

# 课后习题 1——制作旅游类 App 酒店详情页

【习题知识要点】使用圆角矩形工具、矩形工具、椭圆工具和直线工具绘制形状，使用"置入嵌入对象"命令置入图片和图标，使用"创建剪贴蒙版"命令调整图片显示区域，使用"属性"控制面板制作弥散投影效果，使用横排文字工具输入文字。最终效果如图 9-107 所示。

【效果所在位置】项目 9/效果/制作旅游类 App 酒店详情页.psd。

图 9-106　　　　　　　　　　　　图 9-107

# 课后习题 2——制作旅游类 App 登录页

【习题知识要点】使用圆角矩形工具和直线工具绘制形状，使用"置入嵌入对象"命令置入图片和图标，使用"颜色叠加"命令添加相应效果，使用横排文字工具输入文字，最终效果如图 9-108 所示。

【效果所在位置】项目 9/效果/制作旅游类 App 登录页.psd。

图 9-108

# 项目 10
# Banner 设计

## 项目引入

Banner 是帮助提高品牌转化率的重要表现形式，直接影响到用户的购买意愿或活动参与意愿等，因此 Banner 设计对产品设计及 UI 设计乃至运营至关重要。本项目以不同类型的 Banner 为例，介绍 Banner 的设计方法和制作技巧。

## 项目目标

- ✔ 了解 Banner 设计的基础知识。
- ✔ 掌握 Banner 的设计思路。
- ✔ 掌握 Banner 的设计方法。
- ✔ 掌握 Banner 的制作技巧。

## 技能目标

- ✔ 掌握女包类 App 主页 Banner 的制作方法。
- ✔ 掌握空调扇 Banner 的制作方法。

## 素养目标

- ✔ 培养对 Banner 的创意设计能力。
- ✔ 培养对 Banner 的审美与鉴赏能力。

## 相关知识——Banner 设计概述

Banner 又称为横幅广告，即体现中心意旨的广告，常用来宣传活动或产品，以提高品牌转化率。Banner 常用于 Web 界面、App 界面或户外展示等，如图 10-1 所示。

图 10-1

# 任务 10.1　制作女包类 App 主页 Banner

## 10.1.1　任务分析

晒潮流是为广大年轻消费者提供服饰销售及售后服务的平台。该平台拥有来自全球不同地区、不同风格的服饰，而且可以为用户推荐极具特色的新品。促销来临之际，需要为该平台设计一款 Banner，要求既展现产品特色，又突出优惠力度。

在设计思路上，本任务使用具有冲击感的背景，营造出有活力、热闹的氛围；使用与背景风格一致的主体图片，使画面和谐；使用鲜艳的色彩，给人青春洋溢的感觉；使用醒目的文字，以达到宣传的目的。

本任务将使用移动工具添加素材图片，使用"色阶""色相/饱和度""亮度/对比度"调整图层调整图片颜色，使用横排文字工具添加广告文字。

## 10.1.2　任务效果

本任务的最终设计效果参看云盘中的"项目 10/效果/制作女包类 App 主页 Banner.psd"，如图 10-2 所示。

图 10-2

## 10.1.3　任务制作

（1）按 Ctrl+N 组合键，弹出"新建文档"对话框，设置宽度为 750 像素，高度为 200 像素，分辨率为 72 像素/英寸，颜色模式为 RGB，背景内容为白色，单击"创建"按钮新建文件。

（2）按 Ctrl+O 组合键，打开云盘中的"项目 10 > 素材 > 制作女包类 App 主页 Banner > 01、02"文件，选择移动工具 ⊕，分别将图片拖曳到新建图像窗口中适当的位置，效果如图 10-3 所示。"图层"控制面板中分别生成新的图层，将其命名为"底图"和"包 1"。

图 10-3

（3）单击"图层"控制面板下方的"创建新的填充或调整图层"按钮 ⊘，在弹出的菜单中选择"色阶"命令，"图层"控制面板中生成"色阶 1"图层，同时弹出"属性"控制面板。各选项的设置如图 10-4 所示，按 Enter 键确认操作，图像效果如图 10-5 所示。

图 10-4              图 10-5

（4）按 Ctrl+O 组合键，打开云盘中的"项目 10 > 素材 > 制作女包类 App 主页 Banner > 03"文件，选择移动工具 ⊕，将图片拖曳到新建图像窗口中适当的位置，并调整其大小，效果如图 10-6 所示。"图层"控制面板中生成新的图层，将其命名为"包 2"。

（5）单击"图层"控制面板下方的"创建新的填充或调整图层"按钮 ⊘，在弹出的菜单中选择"色相/饱和度"命令，"图层"控制面板中生成"色相/饱和度 1"图层，同时弹出"属性"控制面板。各选项的设置如图 10-7 所示，按 Enter 键确认操作，图像效果如图 10-8 所示。

图 10-6          图 10-7          图 10-8

（6）按 Ctrl+O 组合键，打开云盘中的"项目 10 > 素材 > 制作女包类 App 主页 Banner > 04"文件，选择移动工具 ⊹ ，将图片拖曳到新建图像窗口中适当的位置，效果如图 10-9 所示。"图层"控制面板中生成新的图层，将其命名为"包 3"。

（7）单击"图层"控制面板下方的"创建新的填充或调整图层"按钮 ⦿ ，在弹出的菜单中选择"亮度/对比度"命令，"图层"控制面板中生成"亮度/对比度 1"图层，同时弹出"属性"控制面板。各选项的设置如图 10-10 所示，按 Enter 键确认操作，图像效果如图 10-11 所示。

图 10-9　　　　　　　　　　图 10-10　　　　　　　　　　图 10-11

（8）选择横排文字工具 **T.** ，在适当的位置分别输入需要的文字并选取文字，在属性栏中分别选择合适的字体并设置文字大小，设置文字颜色为白色，效果如图 10-12 所示，"图层"控制面板中生成新的文字图层。

图 10-12

（9）选择圆角矩形工具 ◻ ，在属性栏的"选择工具模式"下拉列表中选择"形状"选项，将填充颜色设为橙黄色（255、213、42），描边颜色设为无，"半径"设为 11 像素。在图像窗口中绘制圆角矩形，效果如图 10-13 所示，"图层"控制面板中生成新的形状图层"圆角矩形 1"。

（10）选择横排文字工具 **T.** ，在适当的位置分别输入需要的文字并选取文字，在属性栏中分别选择合适的字体并设置文字大小，设置文字颜色为红色（234、57、34），效果如图 10-14 所示，"图层"控制面板中生成新的文字图层。女包类 App 主页 Banner 制作完成，效果如图 10-15 所示。

图 10-13　　　　　　　　　　图 10-14

图 10-15

## 任务 10.2　制作空调扇 Banner

### 10.2.1　任务分析

戴森尔是一家电商用品零售公司，贩售家具、配件、浴室和厨房用品等。公司近期推出了新款变频空调扇，需要为其制作全新的网店首页海报，以起到宣传公司新产品的作用。

空调扇 Banner 以产品图片为主体，使用直观醒目的文字表现产品特色；整体色彩清新干净，与宣传的主题相呼应；设计风格简洁大方，给人整洁干练的感觉。

本任务将使用椭圆选框工具和"高斯模糊"滤镜命令为空调扇添加投影效果，使用"色阶"调整图层调整图片颜色，使用圆角矩形工具、横排文字工具和"字符"控制面板添加产品品牌等信息。

### 10.2.2　任务效果

本任务的最终设计效果参看云盘中的"项目 10/效果/制作空调扇 Banner.psd"，如图 10-16 所示。

图 10-16

### 10.2.3　任务制作

（1）按 Ctrl+N 组合键，弹出"新建文档"对话框，设置宽度为 1920 像素，高度为 800 像素，分辨率为 72 像素/英寸，颜色模式为 RGB，背景内容为白色，单击"创建"按钮新建文件。

（2）按 Ctrl＋O 组合键，打开云盘中的"项目 10 ＞ 素材 ＞ 制作空调扇 Banner ＞ 01"文件，选择移动工具 ，将图片拖曳到图像窗口中适当的位置并调整其大小，效果如图 10-17 所示。"图层"控制面板中生成新的图层，将其命名为"底图"。

（3）选择"文件 ＞ 置入嵌入对象"命令，弹出"置入嵌入的对象"对话框，选择云盘中的"项目 10 > 素材 > 制作空调扇 Banner > 02"文件，单击"置入"按钮，将图片置入图像窗口，并将其拖曳到适当的位置，按 Enter 键确定操作，效果如图 10-18 所示。"图层"控制面板中生成新的图层，将其命名为"空调扇"。

图 10-17　　　　　　　　　　　　　　　图 10-18

（4）单击"图层"控制面板下方的"创建新的填充或调整图层"按钮 ，在弹出的菜单中选择"色阶"命令，"图层"控制面板中生成"色阶 1"图层，同时弹出"属性"控制面板，各选项的设置如图 10-19 所示。按 Enter 键确定操作，图像效果如图 10-20 所示。

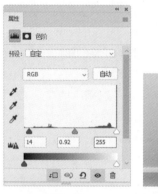

图 10-19　　　　　　　　　　图 10-20

（5）新建图层并将其命名为"投影"。将前景色设为黑色。选择椭圆选框工具 ，在图像窗口中绘制椭圆选区。按 Alt+Delete 组合键，用前景色填充选区。按 Ctrl+D 组合键，取消选区，效果如图 10-21 所示。

（6）选择"滤镜 > 模糊 > 高斯模糊"命令，在弹出的对话框中进行设置，如图 10-22 所示，单击"确定"按钮，效果如图 10-23 所示。

图 10-21　　　　　　　图 10-22　　　　　　　图 10-23

（7）在"图层"控制面板中将"投影"图层拖曳到"空调扇"图层的下方，如图 10-24 所示，图像效果如图 10-25 所示。

图 10-24          图 10-25

（8）选择"色阶 1"图层。按 Ctrl + O 组合键，打开云盘中的"项目 10 > 素材 > 制作空调扇 Banner > 03、04、05"文件，选择移动工具 ⊕，将图片分别拖曳到图像窗口中适当的位置，效果如图 10-26 所示。"图层"控制面板中生成新的图层，将其分别命名为"树叶 1""树叶 2"和"绿植"。

（9）选择横排文字工具 T，在适当的位置分别输入需要的文字并选取文字，在属性栏中分别选择合适的字体并设置文字大小，设置文字颜色为灰色（27、27、27），效果如图 10-27 所示，"图层"控制面板中分别生成新的文字图层。

图 10-26          图 10-27

（10）按住 Shift 键的同时，选取"4500W……""新型变频……"图层，设置文字颜色为蓝色（2、112、157），如图 10-28 所示。选择"4500W……"文字。按 Ctrl+T 组合键，弹出"字符"控制面板，各选项的设置如图 10-29 所示，按 Enter 键确定操作，效果如图 10-30 所示。

图 10-28          图 10-29          图 10-30

（11）选择圆角矩形工具 ▢，将填充颜色设为橘红色（245、63、0），描边颜色设为无，"半径"设为 5 像素，在图像窗口中绘制圆角矩形，效果如图 10-31 所示。"图层"控制面板中生成新的形状图层"圆角矩形 1"。

（12）选择移动工具 ⊕ ，按住 Alt+Shift 组合键的同时，拖曳图形到适当的位置，复制图形，效果如图 10-32 所示。用相同的方法再次复制两个图形，效果如图 10-33 所示。

| 图 10-31 | 图 10-32 | 图 10-33 |

（13）选择横排文字工具 T. ，在适当的位置分别输入需要的文字并选取文字，在属性栏中分别选择合适的字体并设置文字大小，分别设置文字颜色为白色和灰色（27、27、27），效果如图 10-34 所示，"图层"控制面板中分别生成新的文字图层。空调扇 Banner 制作完成，效果如图 10-35 所示。

图 10-34                    图 10-35

## 项目实践 1——制作美妆护肤网店 Banner

【项目知识要点】使用"置入嵌入对象"命令置入图像，使用矩形工具、圆角矩形工具和直线工具绘制形状，使用横排文字工具输入文字内容，使用"亮度/对比度"命令和"色彩平衡"命令为图像调色，使用"渐变叠加"命令和"投影"命令为图像添加相应效果。最终效果如图 10-36 所示。

【效果所在位置】项目 10/效果/制作美妆护肤网店 Banner.psd。

图 10-36

## 项目实践 2——制作电商平台 App 主页 Banner

【项目知识要点】使用快速选择工具绘制选区，使用"反选"命令反选图像，使用移动工具移动选区中的图像，使用横排文字工具添加宣传文字，最终效果如图 10-37 所示。

【效果所在位置】项目 10/效果/制作电商平台 App 主页 Banner.psd。

图 10-37

# 课后习题 1——制作生活家具类网站 Banner

【习题知识要点】使用"添加杂色"命令、图层样式和矩形工具制作底图,使用"置入嵌入对象"命令置入图片,使用"色阶""色相/饱和度""曲线"调整图层命令调整图像,最终效果如图 10-38 所示。

【效果所在位置】项目 10/效果/制作生活家具类网站 Banner.psd。

图 10-38

# 课后习题 2——制作中式茶叶网站主页 Banner

【习题知识要点】使用"置入嵌入对象"命令置入图片,使用横排文字工具添加文字,使用矩形工具绘制基本形状,使用图层样式为图像添加效果,最终效果如图 10-39 所示。

【效果所在位置】项目 10/效果/制作中式茶叶网站主页 Banner.psd。

图 10-39

# 项目 11
# 海报设计

## 项目引入

海报是广告艺术中的一种大众化载体，又名"招贴"或"宣传画"。海报具有尺寸大、远视性强、艺术性高的特点，在宣传媒介中占有重要的地位。本项目以多个主题的海报设计为例，讲解海报的设计方法和制作技巧。

## 项目目标

✔ 了解海报的概念。
✔ 了解海报的种类和特点。
✔ 了解海报的表现方式。
✔ 掌握海报的设计思路。
✔ 掌握海报的制作方法和技巧。

## 技能目标

✔ 掌握抗皱精华露海报的制作方法。
✔ 掌握传统文化宣传海报的制作方法。

## 素养目标

✔ 培养对海报的创意设计能力。
✔ 培养对海报的审美与鉴赏能力。

## 相关知识——海报设计概述

海报被广泛张贴于街道、影剧院、展览会、商业闹市区、车站、码头、公园等公共场所，用来完成一定的宣传任务。文化类海报更加接近于纯粹的艺术表现，是最能张扬个性的一种艺术设计形式，可以体现设计师、企业，甚至民族、国家的精神。商业类海报具有一定的商业意义，其艺术性服务于商业目的。

**1. 海报的种类**

海报按其用途的不同大致可以分为商业海报、文化海报、电影海报和公益海报等，如图 11-1 所示。

商业海报　　　　　　文化海报　　　　　　电影海报　　　　　　公益海报

图 11-1

**2. 海报的特点**

尺寸大：海报被张贴于公共场所，其表现效果会受到周围环境等各种因素的影响，所以必须以大尺寸及突出的形象和色彩展现在人们面前。其画面尺寸有全开、对开、长三开及特大画面（八张全开）等。

远视性强：为了给来去匆匆的人们留下视觉印象，除了尺寸大之外，海报还要充分体现定位设计的原理，以醒目的文字、图形，对比强烈的色彩，大面积的留白，或简练的视觉流程，成为视觉焦点。

艺术性高：商业海报的表现内容以具有艺术表现力的摄影作品、造型写实的绘画作品为主，而非商业海报的内容则更丰富，形式也更多样，艺术表现力强，特别是文化艺术类海报，设计者可以根据主题充分发挥想象力，尽情施展艺术才华。

**3. 海报的表现方式**

文字语言的视觉表现：在海报中，标题的第一功能是吸引注意，第二功能是激发潜在消费者的购买欲望，第三功能是引导潜在消费者阅读正文。因此，在编排画面时，标题要放在醒目的位置，比如视觉中心。在海报中，标语可以放在画面的任意位置，如果将其放在显眼的位置，标语可以替代标题发挥作用，如图 11-2 所示。

非文字语言的视觉表现：在海报中，插画的作用十分重要，它比文字更具有表现力。插画主要包括三大功能，即吸引消费者注意力、快速将海报主题传达给消费者、促使消费者关注海报细节，如图 11-3 所示。

在海报的视觉表现中，还要处理好图文比例，即进行海报的视觉设计时是以文字语言为主，还是以非文字语言为主。

图 11-2                                         图 11-3

# 任务 11.1    制作抗皱精华露海报

## 11.1.1    任务分析

雅颂美妆是一家涉足护肤、彩妆、香水等多个领域的企业，现推出新款抗皱精华露，为进行线上宣传，需要设计一款海报。要求海报符合年轻人的喜好，突出产品特色且具有吸引力。

海报画面以产品图片为主体，以模拟实际场景；整体色彩明亮鲜丽，合理搭配装饰元素，以丰富画面效果；文字排版整齐，突出产品特点和功效；设计风格具有特色，版式活而不散，以吸引消费者的注意。

本任务将使用矩形工具绘制图形，使用"置入嵌入对象"命令置入图像，使用剪贴蒙版调整图片显示区域，使用"亮度/对比度"命令为图像调色，使用横排文字工具输入文字内容，使用"渐变叠加"命令为图形添加相应效果。

## 11.1.2    任务效果

本任务的最终设计效果参看云盘中的"项目 11/效果/制作抗皱精华露海报.psd"，如图 11-4 所示。

图 11-4

## 11.1.3    任务制作

（1）按 Ctrl+N 组合键，弹出"新建文档"对话框，设置宽度为 1200 像素，高度为 1520 像素，分辨率为 72 像素/英寸，颜色模式为 RGB，背景内容为白色，如图 11-5 所示。单击"创建"按钮新建文件。

（2）选择"视图 > 新建参考线版面"命令，弹出"新建参考线版面"对话框，勾选"列"复选框，设置"数字"为 2，"宽度"为 560 像素，如图 11-6 所示。单击"确定"按钮，完成参考线版面的创建。

图 11-5　　　　　　　　　　　　　　　　　　　图 11-6

（3）选择矩形工具 □，在属性栏的"选择工具模式"下拉列表中选择"形状"选项，将填充颜色设为白色，描边颜色设为无。在图像窗口中适当的位置绘制一个矩形，效果如图 11-7 所示，"图层"控制面板中生成新的形状图层"矩形 1"。

（4）选择"文件 > 置入嵌入对象"命令，弹出"置入嵌入的对象"对话框，选择云盘中的"项目 11 > 素材 > 制作抗皱精华露海报 > 01"文件。单击"置入"按钮，将图片置入图像窗口，将"01"图片拖曳到适当的位置并调整其大小。按 Enter 键确定操作，"图层"控制面板中生成新的图层，将其命名为"背景"。按 Ctrl+Alt+G 组合键，为图层创建剪贴蒙版，效果如图 11-8 所示。

（5）使用上述方法，再次置入"02"文件并调整其大小，按 Enter 键确定操作，效果如图 11-9 所示。"图层"控制面板中生成新的图层，将其命名为"叶子"。

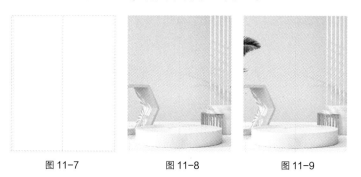

图 11-7　　　　　　　图 11-8　　　　　　　图 11-9

（6）按 Ctrl+J 组合键，复制图层，"图层"控制面板中生成新的图层"叶子 拷贝"。按 Ctrl+T 组合键，图像周围出现变换框，将图像移动到适当的位置，将鼠标指针放在变换框外，鼠标指针变为 ↻ 形状，按住鼠标左键并拖曳鼠标，将图像旋转到适当的角度，按 Enter 键确定操作，效果如图 11-10 所示。

（7）使用上述方法，置入"03""04""05"文件并调整其大小，"图层"控制面板中分别生成新的图层，将它们分别命名为"累计销量""抗皱精华""精华露"，效果如图 11-11 所示。

（8）选择"抗皱精华"图层。选择椭圆工具 ，在属性栏中将填充颜色设为浅灰色（223、224、226），描边颜色设为无。在图像窗口中绘制一个椭圆，效果如图 11-12 所示，"图层"控制面板中生成新的形状图层"椭圆 1"。

图 11-10 　　　　　 图 11-11 　　　　　 图 11-12

（9）单击"图层"控制面板下方的"添加图层样式"按钮 fx ，在弹出的菜单中选择"渐变叠加"命令，弹出"图层样式"对话框；单击"点按可编辑渐变"按钮 ，弹出"渐变编辑器"对话框，分别设置两个位置点颜色的 RGB 值为 0（195、197、202），100（224、225、229），如图 11-13 所示。单击"确定"按钮，返回"图层样式"对话框，其他选项的设置如图 11-14 所示。单击"确定"按钮，为形状添加渐变效果。

 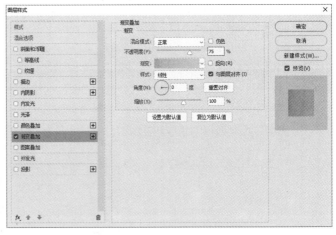

图 11-13 　　　　　　　　　　　　　　　　　 图 11-14

（10）选择圆角矩形工具 ，在图像窗口中适当的位置绘制一个圆角矩形，"图层"控制面板中生成新的形状图层"圆角矩形 1"。在"属性"控制面板中进行设置，如图 11-15 所示。按住 Shift 键的同时，在图像窗口中适当的位置再次绘制一个圆角矩形，在"属性"控制面板中进行设置，如图 11-16 所示，效果如图 11-17 所示。

图 11-15　　　　　　　图 11-16　　　　　　　图 11-17

（11）选择"精华露"图层。按 Ctrl+J 组合键，复制图层，并将其命名为"反光"。在"图层"控制面板中将"反光"图层拖曳到"精华露"图层的下方，如图 11-18 所示。按 Ctrl+T 组合键，图像周围出现变换框，在变换框中单击鼠标右键，在弹出的菜单中选择"垂直翻转"命令，翻转图像。

将图像移动到适当的位置，按 Enter 键确定操作，效果如图 11-19 所示。

（12）单击"图层"控制面板下方的"添加图层蒙版"按钮 ◻，为图层添加图层蒙版，如图 11-20 所示。将前景色设为黑色。选择画笔工具 ✎，单击属性栏中的"画笔预设"按钮，在弹出的面板中选择需要的画笔形状，设置如图 11-21 所示。在图像窗口中擦除不需要的图像，效果如图 11-22 所示。

图 11-18　　　　　　　图 11-19

（13）按住 Shift 键的同时，单击"椭圆 1"图层，将需要的图层同时选取，按 Ctrl+G 组合键组合图层并将其命名为"阴影"，如图 11-23 所示。

图 11-20　　　　　　　图 11-21　　　　　　　图 11-22　　　　　　　图 11-23

（14）选择"精华露"图层。单击"图层"控制面板下方的"创建新的填充或调整图层"按钮 ◑，在弹出的菜单中选择"亮度/对比度"命令，"图层"控制面板中生成"亮度/对比度 1"图层，同时弹出"属性"控制面板，设置如图 11-24 所示。按 Enter 键确定操作，效果如图 11-25 所示。

（15）选择横排文字工具 **T**，在图像窗口中输入需要的文字并选取文字。在属性栏中选择合适的字体和文字大小，将文字颜色设为深灰色（4、5、7），效果如图 11-26 所示，"图层"控制面板中生成新的文字图层。

图 11-24

图 11-25

图 11-26

（16）选择矩形工具 □，在属性栏中将填充颜色设为无，描边颜色设为中黄色（213、148、92），描边粗细设为 2 像素。在图像窗口中适当的位置绘制一个矩形，效果如图 11-27 所示，"图层"控制面板中生成新的形状图层"矩形 2"。

（17）选择"文件 > 置入嵌入对象"命令，弹出"置入嵌入的对象"对话框，选择云盘中的"项目 11 > 素材 > 制作抗皱精华露海报 > 06"文件。单击"置入"按钮，将图标置入图像窗口，将"06"图标拖曳到适当的位置并调整其大小。按 Enter 键确定操作，效果如图 11-28 所示，"图层"控制面板中生成新的图层，将其命名为"对号"。

（18）选择横排文字工具 T，在图像窗口中输入需要的文字并选取文字。在属性栏中选择合适的字体和文字大小，将文字颜色设为灰色（89、89、89），效果如图 11-29 所示，"图层"控制面板中生成新的文字图层。

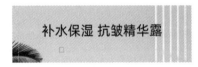
图 11-27

图 11-28

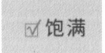
图 11-29

（19）使用上述方法，绘制形状、置入图标并输入文字，效果如图 11-30 所示。按住 Shift 键的同时，单击文字图层，将需要的图层同时选取。按 Ctrl+G 组合键组合图层并将其命名为"文字"，如图 11-31 所示。抗皱精华露海报制作完成，效果如图 11-32 所示。

图 11-30

图 11-31

图 11-32

# 任务 11.2　制作传统文化宣传海报

## 11.2.1　任务分析

古琴在我国古代文化中地位崇高，是汉文化的瑰宝。古琴以其独特的艺术魅力、厚重的文史底蕴，诠释着中华民族传统文化的精髓。本任务是设计制作古琴展览海报，要求体现出古琴古香古色的特点和声韵之美。

海报的背景元素和装饰图形使用水墨风格，以表现出古琴的韵味和特点；画面主体为古琴图片，以展示出展览会的主题；海报设计和编排灵活，以展示出展览会的相关信息；整体设计时尚典雅、充满韵味。

本任务使用"创建新的填充或调整图层"按钮调整图像色调，使用移动工具添加素材图片和文字。

## 11.2.2　任务效果

本任务的最终设计效果参看云盘中的"项目 11/效果/制作传统文化宣传海报.psd"，如图 11-33 所示。

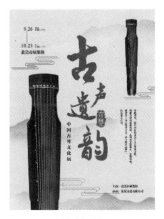

图 11-33

## 11.2.3　任务制作

（1）按 Ctrl+N 组合键，弹出"新建文档"对话框，设置宽度为 21.6 厘米，高度为 29.1 厘米，分辨率为 150 像素/英寸，颜色模式为 RGB，背景内容为灰色（222、222、222），单击"创建"按钮新建文件。

（2）按 Ctrl+O 组合键，打开云盘中的"项目 11 > 素材 > 制作传统文化宣传海报 > 01~04"文件，选择移动工具 ⊕，分别将图片拖曳到新建的图像窗口中适当的位置，效果如图 11-34 所示。"图层"控制面板中分别生成新的图层，将其命名为"山""线条 1""线条 2""古琴"，如图 11-35 所示。

（3）选择"线条 2"图层。按住 Alt 键的同时，复制"线条 2"图层到适当的位置，如图 11-36

所示。"图层"控制面板中生成新的图层"线条 2 拷贝"。

图 11-34

图 11-35

图 11-36

（4）选择"古琴"图层。单击"图层"控制面板下方的"创建新的填充或调整图层"按钮 ●，在弹出的菜单中选择"色相/饱和度"命令，"图层"控制面板中生成"色相/饱和度 1"图层，同时弹出"属性"控制面板，各选项的设置如图 11-37 所示，按 Enter 键确定操作。

（5）再次单击"图层"控制面板下方的"创建新的填充或调整图层"按钮 ●，在弹出的菜单中选择"色阶"命令，"图层"控制面板中生成"色阶 1"图层，同时弹出"属性"控制面板；各选项的设置如图 11-38 所示，按 Enter 键确定操作，效果如图 11-39 所示。

图 11-37

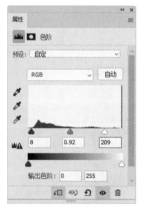
图 11-38

图 11-39

（6）按住 Shift 键的同时，单击"古琴"图层，将需要的图层同时选取，按 Ctrl+J 组合键，复制图层。按 Ctrl+T 组合键，图像周围出现变换框，将图像移动到适当的位置并调整其大小，按 Enter 键确定操作，效果如图 11-40 所示。

（7）按 Ctrl+O 组合键，打开云盘中的"项目 11 > 素材 > 制作传统文化宣传海报 > 05"文件，选择移动工具 ●，将图片拖曳到新建的图像窗口中适当的位置，效果如图 11-41 所示。"图层"控制面板中生成新的图层，将其命名为"文字"。传统文化宣传海报制作完成。

图 11-40

图 11-41

## 项目实践 1——制作实木双人床海报

【项目知识要点】使用"新建参考线版面"命令创建参考线版面，使用矩形工具绘制背景，使用"置入嵌入对象"命令置入图片，使用图层样式制作投影效果，使用横排文字工具添加宣传文字，使用圆角矩形工具绘制图形。最终效果如图 11-42 所示。

【效果所在位置】项目 11/效果/制作实木双人床海报.psd。

图 11-42

## 项目实践 2——制作元宵节节日宣传海报

【项目知识要点】使用移动工具添加素材图片，使用图层样式为图片添加阴影效果，使用"色相/饱和度"命令调整图片颜色，使用"置入嵌入对象"命令添加文字信息，最终效果如图 11-43 所示。

【效果所在位置】项目 11/效果/制作元宵节节日宣传海报.psd。

图 11-43

# 课后习题1——制作实木餐桌椅海报

【习题知识要点】使用"新建参考线版面"命令创建参考线版面，使用矩形工具绘制背景，使用"置入嵌入对象"命令置入图片和图标，使用调色命令调整图片色调，使用横排文字工具添加宣传文字，使用圆角矩形工具绘制图形。最终效果如图11-44所示。

【效果所在位置】项目11/效果/制作实木餐桌椅海报.psd。

图11-44

# 课后习题2——制作旅游出行公众号推广海报

【习题知识要点】使用图层蒙版和画笔工具制作图片融合效果，使用"曲线""色相/饱和度""色阶"调整图层调整图像色调，使用椭圆选框工具和"填充"命令制作润色图形，使用横排文字工具添加文字信息，使用矩形工具和直线工具添加装饰图形。最终效果如图11-45所示。

【效果所在位置】项目11/效果/制作旅游出行公众号推广海报.psd。

图11-45

# 项目 12
# H5 页面设计

## 项目引入

随着移动互联网的兴起，H5 逐渐成为互联网传播领域的重要传播形式，因此 H5 页面设计成为广大互联网从业人员必须具备的重要技能之一。本项目以食品餐饮行业的产品营销 H5 页面为例，讲解 H5 页面的设计方法和制作技巧。

## 项目目标

- ✔ 了解 H5 页面的概念。
- ✔ 了解 H5 页面的特点。
- ✔ 了解 H5 页面的分类。
- ✔ 掌握 H5 页面的设计思路。
- ✔ 掌握 H5 页面的制作技巧。

## 技能目标

- ✔ 掌握食品餐饮行业产品营销 H5 首页的制作方法。
- ✔ 掌握食品餐饮行业产品营销 H5 页面的制作方法。

## 素养目标

- ✔ 培养对 H5 页面的创意设计能力。
- ✔ 培养对 H5 页面的审美与鉴赏能力。

## 相关知识——H5 页面设计概述

H5 指的是移动端上基于 HTML（Hypertext Mark Language，超文本标记语言）技术的交互式动态网页，是用于移动互联网的一种新型营销工具，通过移动平台（如微信）传播，几种动态网页效果示例如图 12-1 所示。

（a）腾讯公益：博物馆梦想清单　　　（b）金典：金典　　　（c）知乎：AI 为你画出兔年祝福

图 12-1

### 1. H5 页面的特点

H5 页面具有跨平台、多媒体、强互动以及易传播的特点，如图 12-2 所示。

图 12-2

### 2. H5 页面的分类

H5 页面可分为营销宣传类、知识新闻类、游戏互动类以及网站应用类。

（1）营销宣传类 H5 是最常见的 H5 页面，通常是为产品、品牌以及活动做宣传推广而设计的。

（2）知识新闻类 H5 同样比较常见，通常用于宣传新闻、普及知识。

（3）游戏互动类 H5 一般比较简单，在微信中打开就可以直接玩，不用安装或卸载，通常为娱乐或引流而制作。

（4）网站应用类 H5 在产品设计领域常被称为"H5 网站"，可以直接在浏览器中打开，不像 App 那样需要安装，它通常包含大量信息及 App 中的部分功能。

## 任务 12.1　　制作食品餐饮行业产品营销 H5 首页

### 12.1.1　任务分析

鲜味坊作为一家主打健康干果零食的品牌，计划在新年期间推出限时特惠活动，为此需要制作一款兼具节日祝福和促销功能的 H5 页面。要求突出产品的健康品质和节日属性，采用动态效果增强吸引力，确保用户能快速获取关键信息并产生购买冲动，最终实现品牌曝光和销售转化的双重目标。

在设计思路上，主视觉区用金色背景衬托红色标题和祝福语，展现出节日氛围；整体设计在保持简洁明了的同时，通过动态效果和传统元素强化节日氛围，既传递了新年祝福又有效推广了促销活动，让用户在愉悦的浏览体验中产生购买产品的想法。

本任务将使用移动工具和"置入嵌入对象"命令添加装饰图形，使用椭圆工具和矩形工具绘制形状，使用矩形工具和横排文字工具添加活动信息。

### 12.1.2 任务效果

本任务的最终设计效果参看云盘中的"项目 12/效果/制作食品餐饮行业产品营销 H5 首页.psd"，如图 12-3 所示。

图 12-3

### 12.1.3 任务制作

（1）按 Ctrl+N 组合键，弹出"新建文档"对话框，设置宽度为 750 像素，高度为 1206 像素，分辨率为 72 像素/英寸，背景内容为白色，单击"创建"按钮新建文件。

（2）选择"文件 > 置入嵌入对象"命令，弹出"置入嵌入的对象"对话框，选择云盘中的"项目 12 > 素材 > 制作食品餐饮行业产品营销 H5 首页 > 01"文件。单击"置入"按钮，将图片置入图像窗口，拖曳到适当的位置并调整其大小。按 Enter 键确定操作，效果如图 12-4 所示，"图层"控制面板中生成新的图层，将其命名为"底图"。

（3）选择椭圆工具 ◯，在属性栏中将填充颜色设为黑色，描边颜色设为无。按住 Shift 键的同时，在图像窗口中适当的位置绘制圆形，如图 12-5 所示，"图层"控制面板中生成新的形状图层"椭圆 1"。

（4）单击"图层"控制面板下方的"添加图层样式"按钮 ⨍，在弹出的菜单中选择"渐变叠加"命令，弹出"图层样式"对话框；单击"点按可编辑渐变"按钮，弹出"渐变编辑器"对话框，在"位置"数值框中分别输入 0、70 和 100，分别设置这 3 个位置点颜色的 RGB 值为 0（255、0、0）、70（124、0、0）、100（78、0、0），如图 12-6 所示。

（5）单击"确定"按钮，返回"图层样式"对话框，其他选项的设置如图 12-7 所示。单击"确定"按钮，效果如图 12-8 所示。

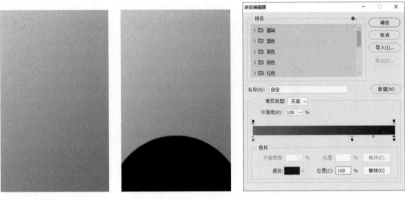

图 12-4　　　　　　图 12-5　　　　　　图 12-6

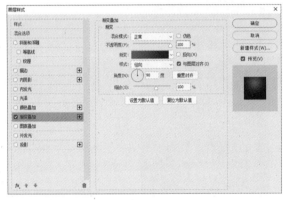

图 12-7　　　　　　　　　　图 12-8

（6）选择"文件 > 置入嵌入对象"命令，弹出"置入嵌入的对象"对话框，选择云盘中的"项目 12 > 素材 > 制作食品餐饮行业产品营销 H5 首页 > 02"文件。单击"置入"按钮，将图片置入图像窗口，拖曳到适当的位置并调整其大小。按 Enter 键确定操作，效果如图 12-9 所示，"图层"控制面板中生成新的图层，将其命名为"新年快乐"。

（7）选择矩形工具 □，在适当的位置绘制矩形，"图层"控制面板中生成新的形状图层"矩形 1"。在属性栏中将填充颜色设为淡蛋黄色（255、207、126），描边颜色设为枫叶红色（193、5、6），描边粗细设为 8 像素，效果如图 12-10 所示。

（8）按 Ctrl+T 组合键，图像周围出现变换框，将鼠标指针放在变换框外，鼠标指针变为 ↰ 形状，按住鼠标左键并拖曳鼠标，将图像旋转到适当的角度，按 Enter 键确定操作，效果如图 12-11 所示。

（9）选择"文件 > 置入嵌入对象"命令，弹出"置入嵌入的对象"对话框，选择云盘中的"项目 12 > 素材 > 制作食品餐饮行业产品营销 H5 首页 > 03"文件。单击"置入"按钮，将图片置入图像窗口，拖曳到适当的位置并调整其大小。按 Enter 键确定操作，效果如图 12-12 所示，"图层"控制面板中生成新的图层，将其命名为"年货淘淘淘"。按 Alt+Ctrl+G 组合键，为图层创建剪贴蒙版，如图 12-13 所示。

（10）选择矩形工具 □，在适当的位置绘制矩形，"图层"控制面板中生成新的形状图层"矩形

1"。在属性栏中将填充颜色设为无，描边颜色设为枫叶红色（193、5、6），描边粗细设为 12 像素，效果如图 12-14 所示。按 Alt+Ctrl+G 组合键，为图层创建剪贴蒙版。

（11）按 Ctrl+T 组合键，图像周围出现变换框，将鼠标指针放在变换框外，鼠标指针变为 ↰ 形状，按住鼠标左键并拖曳鼠标，将图像旋转到适当的角度，按 Enter 键确定操作，效果如图 12-15 所示。

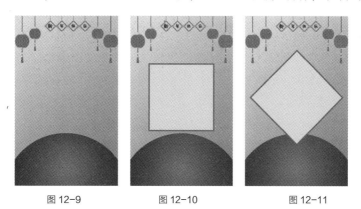

| 图 12-9 | 图 12-10 | 图 12-11 |

| 图 12-12 | 图 12-13 | 图 12-14 | 图 12-15 |

（12）单击"图层"控制面板下方的"添加图层样式"按钮 $fx$，在弹出的菜单中选择"投影"命令，弹出"图层样式"对话框，将阴影颜色设为棕黄色（129、81、12），其他选项的设置如图 12-16 所示。单击"确定"按钮，效果如图 12-17 所示。

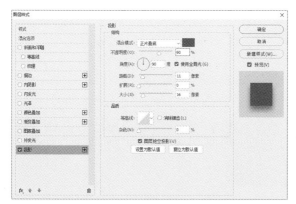 

| 图 12-16 | 图 12-17 |

（13）选择"文件 > 置入嵌入对象"命令，弹出"置入嵌入的对象"对话框，选择云盘中的"项目 12 > 素材 > 制作食品餐饮行业产品营销 H5 首页 > 04"文件。单击"置入"按钮，将图片置入图像窗口，拖曳到适当的位置并调整其大小。按 Enter 键确定操作，效果如图 12-18 所示，"图层"控制面板中生成新的图层，将其命名为"松树"。按 Alt+Ctrl+G 组合键，为图层创建剪贴蒙版，效果如图 12-19 所示。

（14）按 Ctrl+J 组合键，复制图层，"图层"控制面板中生成新的图层"松树 拷贝"。按 Alt+Ctrl+G 组合键，为图层创建剪贴蒙版。按 Ctrl+T 组合键，图像周围出现变换框，在变换框中单击鼠标右键，在弹出的菜单中选择"水平翻转"命令，水平翻转图像。拖曳图像到适当的位置，按 Enter 键确定操作，效果如图 12-20 所示。

图 12-18　　　　　　　　图 12-19　　　　　　　　图 12-20

（15）按 Ctrl+O 组合键，打开云盘中的"项目 12 > 素材 > 制作食品餐饮行业产品营销 H5 首页 > 05"文件。选择移动工具 ，将"05"图像拖曳到新建的图像窗口中适当的位置，并调整其大小，"图层"控制面板中生成新的图层，将其命名为"灯笼"。设置该图层的混合模式为"正片叠底"，如图 12-21 所示，效果如图 12-22 所示。

（16）按住 Shift 键的同时，单击"矩形 1"图层，将需要的图层同时选取，如图 12-23 所示。按 Ctrl+G 组合键组合图层并将其命名为"标题"，如图 12-24 所示。

图 12-21　　　　　　图 12-22　　　　　　图 12-23　　　　　　图 12-24

（17）使用上述的方法，置入"06"文件并将其命名为"祥云"，效果如图 12-25 所示。按 Ctrl+J 组合键，复制图层，"图层"控制面板中生成新的图层"祥云 拷贝"。选择移动工具 ⊕，拖曳图像到适当的位置，效果如图 12-26 所示。

（18）使用上述的方法制作"祥云 2"和"祥云 2 拷贝"图层，效果如图 12-27 所示。按住 Shift 键的同时，单击"祥云"图层，将需要的图层同时选取。按 Ctrl+G 组合键组合图层并将其命名为"装饰"，如图 12-28 所示。

图 12-25

图 12-26

图 12-27

图 12-28

（19）使用上述的方法制作"祥云 3"和"祥云 3 拷贝"图层，效果如图 12-29 所示。选择矩形工具 □，按住 Shift 键的同时，在图像窗口中适当的位置绘制矩形，"图层"控制面板中生成新的形状图层"矩形 3"。在属性栏中将填充颜色设为淡黄色（255、207、126），描边颜色设为枫叶红色（193、5、6），描边粗细设为 4 像素，效果如图 12-30 所示。

（20）按 Ctrl+T 组合键，图像周围出现变换框，将鼠标指针放在变换框外，鼠标指针变为 ↰ 形状，按住鼠标左键并拖曳鼠标，将图像旋转到适当的角度，按 Enter 键确定操作，效果如图 12-31 所示。

（21）按 Ctrl+J 组合键，复制图层，"图层"控制面板中生成新的图层"矩形 3 拷贝"。选择移动工具 ⊕，拖曳图像到适当的位置，按 Enter 键确定操作，效果如图 12-32 所示。

图 12-29

图 12-30

图 12-31

图 12-32

（22）单击"图层"控制面板下方的"添加图层样式"按钮 *fx*，在弹出的菜单中选择"投影"命令，弹出"图层样式"对话框，将阴影颜色设为棕黄色（129、81、12），其他选项的设置如图 12-33 所示。

单击"确定"按钮，效果如图 12-34 所示。使用相同的方法制作其他形状，效果如图 12-35 所示。

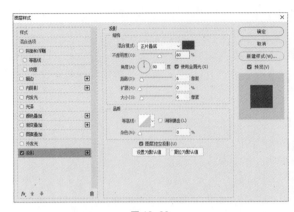
图 12-33

图 12-34

图 12-35

（23）选择横排文字工具 **T**，在适当的位置输入需要的文字并选取文字。选择"窗口 > 字符"命令，弹出"字符"控制面板，将颜色设为枫叶红色（193、5、6），其他选项的设置如图 12-36 所示。按 Enter 键确定操作，效果如图 12-37 所示，"图层"控制面板中生成新的文字图层。

（24）按住 Shift 键的同时，单击"祥云 3"图层，将需要的图层同时选取。按 Ctrl+G 组合键组合图层并将其命名为"年货提前购"，如图 12-38 所示。食品餐饮行业产品营销 H5 首页制作完成。

图 12-36

图 12-37

图 12-38

## 任务 12.2　制作食品餐饮行业产品营销 H5 页面 1

### 12.2.1　任务分析

鲜味坊作为一家主打健康干果零食的品牌，计划在新年期间推出限时特惠活动，为此需要制作一款兼具节日祝福和促销功能的 H5 页面。要求突出产品的健康品质和节日属性，采用动态效果增强吸引力，确保用户能快速获取关键信息并产生购买冲动，最终实现品牌曝光和销售转化的双重目标。

在设计思路上，主视觉区用金色背景，搭配醒目的折扣标签展现出活动优惠力度。整体设计在保持简洁明了的同时，通过动态效果和传统元素强化节日氛围，既传递了新年祝福又有效推广了促销活动，让用户在愉悦的浏览体验中产生购买产品的想法。

本任务将使用移动工具和"置入嵌入对象"命令添加图像，使用横排文字工具添加文字，使用图层样式为形状添加投影，使用变换命令变换图像。

### 12.2.2 任务效果

本任务的最终设计效果参看云盘中的"项目12/效果/制作食品餐饮行业产品营销H5页面1.psd"，如图 12-39 所示。

图 12-39

### 12.2.3 任务制作

（1）按 Ctrl+N 组合键，弹出"新建文档"对话框，设置宽度为 750 像素，高度为 1206 像素，分辨率为 72 像素/英寸，背景内容为白色，单击"创建"按钮新建文件。

（2）按 Ctrl+O 组合键，打开云盘中的"项目 12 > 素材 > 制作食品餐饮行业产品营销 H5 页面 1 > 01"文件。选择移动工具，按住 Ctrl 键的同时，单击需要的图层，将其同时选取，如图 12-40 所示。在选中的图层上单击鼠标右键，在弹出的菜单中选择"复制图层和组"命令，弹出"复制图层和组"对话框，将目标文档设为"未标题-1"，如图 12-41 所示。单击"确定"按钮，返回新建的图像窗口，效果如图 12-42 所示。

图 12-40

图 12-41

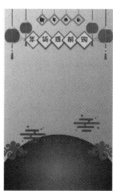

图 12-42

（3）选择"新年快乐"图层。选择矩形工具 ，在图像窗口中适当的位置绘制矩形，"图层"控制面板中生成新的形状图层"矩形 1"。在属性栏中将填充颜色设为白色，描边颜色设为枫叶红色（193、5、6），描边粗细设为 6 像素，效果如图 12-43 所示。在"图层"控制面板中将该图层的"填充"选项设为 30%，如图 12-44 所示，按 Enter 键确定操作，效果如图 12-45 所示。

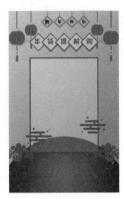

图 12-43        图 12-44        图 12-45

（4）选择"文件 > 置入嵌入对象"命令，弹出"置入嵌入的对象"对话框，选择云盘中的"项目 12 > 素材 > 制作食品餐饮行业产品营销 H5 页面 1 > 02"文件。单击"置入"按钮，将图片置入图像窗口，拖曳到适当的位置并调整其大小。按 Enter 键确定操作，效果如图 12-46 所示，"图层"控制面板中生成新的图层，将其命名为"红包"。

（5）选择横排文字工具 ，在适当的位置输入需要的文字并选取文字，在属性栏中分别选择合适的字体和文字大小，将文字颜色分别设为黄色（252、241、190）和红色（212、38、38），效果如图 12-47 所示，"图层"控制面板中生成新的文字图层。

（6）按住 Shift 键的同时，单击"红包"图层，将需要的图层同时选取。按 Ctrl+G 组合键组合图层并将其命名为"5 元"，如图 12-48 所示。

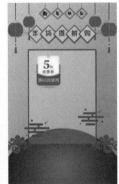

图 12-46        图 12-47        图 12-48

（7）使用上述的方法，制作"10 元""15 元""20 元"图层组，如图 12-49 所示，效果如图 12-50 所示。选择"年货提前购"图层组，按 Ctrl+T 组合键，图像周围出现变换框，拖曳图像到适当的位置，按 Enter 键确定操作，效果如图 12-51 所示。

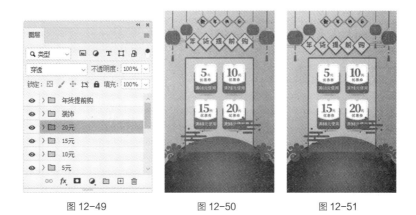

| 图 12-49 | 图 12-50 | 图 12-51 |

（8）展开"年货提前购"图层组，选择"祥云 3"图层，连续按→方向键，微调图像到适当的位置，效果如图 12-52 所示。使用相同的方法微调其他图层，效果如图 12-53 所示。

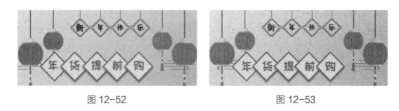

| 图 12-52 | 图 12-53 |

（9）选择"矩形 3 拷贝 4"图层，按 Ctrl+J 组合键，复制图层，"图层"控制面板中生成新的图层"矩形 3 拷贝 5"。选择移动工具，按住 Shift 键的同时，拖曳复制的形状到适当的位置，效果如图 12-54 所示。

（10）选择"年货提前购"文字图层。选择横排文字工具 T ，选取并修改文字，效果如图 12-55 所示。折叠"年货提前购"图层组，并将其命名为"先领券"，如图 12-56 所示。

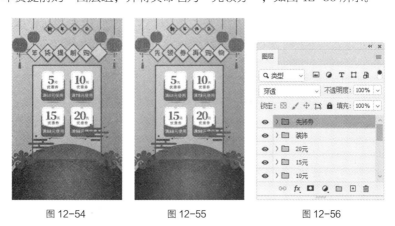

| 图 12-54 | 图 12-55 | 图 12-56 |

（11）展开"装饰"图层组，选择"祥云"图层。按 Ctrl+T 组合键，图像周围出现变换框，调整图像大小并拖曳其到适当的位置，按 Enter 键确定操作，效果如图 12-57 所示。使用相同的方法制作"祥云 拷贝"图层，并删除"祥云 2"和"祥云 2 拷贝"图层，效果如图 12-58 所示。

图 12-57 　　　　　　图 12-58

（12）选择"文件 > 置入嵌入对象"命令，弹出"置入嵌入的对象"对话框，选择云盘中的"项目 12 > 素材 > 制作食品餐饮行业产品营销 H5 页面 1 > 03"文件。单击"置入"按钮，将图片置入图像窗口，拖曳到适当的位置并调整其大小。按 Enter 键确定操作，效果如图 12-59 所示，"图层"控制面板中生成新的图层，将其命名为"祥云 2"。

（13）按 Ctrl+J 组合键，复制图层，"图层"控制面板中生成新的图层"祥云 2 拷贝"。按 Ctrl+T 组合键，图像周围出现变换框，在变换框中单击鼠标右键，在弹出的菜单中选择"水平翻转"命令，水平翻转图像。拖曳图像到适当的位置并调整其大小，按 Enter 键确定操作，效果如图 12-60 所示。折叠"装饰"图层组。食品餐饮行业产品营销 H5 页面 1 制作完成。

图 12-59 　　　　　　图 12-60

# 项目实践 1——制作食品餐饮行业产品营销 H5 页面 2

【项目知识要点】使用椭圆工具和矩形工具绘制装饰图形，使用横排文字工具添加文字信息，使用"置入嵌入对象"命令置入图像，最终效果如图 12-61 所示。

【效果所在位置】项目 12/效果/制作食品餐饮行业产品营销 H5 页面 2.psd。

扫 码 观 看
本 案 例 视 频

图 12-61

# 项目实践 2——制作汽车工业行业活动邀请 H5 首页

【项目知识要点】使用移动工具和"色阶"命令调整图像，使用横排文字工具和椭圆工具添加宣传文字，最终效果如图 12-62 所示。

【效果所在位置】项目 12/效果/制作汽车工业行业活动邀请 H5 首页.psd。

图 12-62

# 课后习题 1——制作汽车工业行业活动邀请 H5 页面 1

【习题知识要点】使用混合模式和"置入嵌入对象"命令处理图像，使用横排文字工具添加文字信息，最终效果如图 12-63 所示。

【效果所在位置】项目 12/效果/制作汽车工业行业活动邀请 H5 页面 1.psd。

图 12-63

# 课后习题 2——制作汽车工业行业活动邀请 H5 页面 2

【习题知识要点】使用矩形工具制作蓝色按钮，使用横排文字工具添加文字信息，最终效果如图 12-64 所示。

【效果所在位置】项目 12/效果/制作汽车工业行业活动邀请 H5 页面 2.psd。

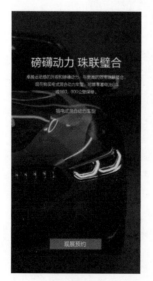

图 12-64

# 项目 13
# 图书装帧设计

## 项目引入

精美的图书装帧设计可以提升读者的阅读体验。图书装帧设计需要考虑的内容包括开本设计、封面设计、版本设计、使用材料等。本项目以多个主题的图书装帧设计为例,讲解封面的设计方法和制作技巧。

## 项目目标

- ✔ 了解图书装帧设计的概念。
- ✔ 了解图书的结构。
- ✔ 掌握图书装帧设计的思路。
- ✔ 掌握图书装帧设计的技巧。

## 技能目标

- ✔ 掌握化妆美容图书封面的制作方法。
- ✔ 掌握摄影摄像图书封面及封底的制作方法。

## 素养目标

- ✔ 培养对图书装帧的创意设计能力。
- ✔ 培养对图书装帧的审美与鉴赏能力。

## 相关知识——图书装帧设计概述

图书装帧设计是指图书的整体设计,包括封面设计、扉页设计和插图设计等。

### 1. 图书结构

图书结构如图 13-1 所示。

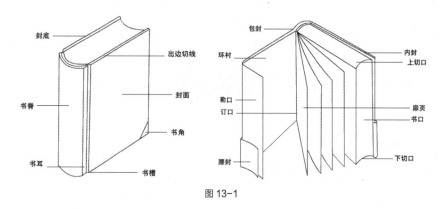

图 13-1

## 2. 封面

封面是图书的外表和标志，兼有保护图书内文页和美化图书外在形态的作用，是图书装帧的重要组成部分，如图 13-2 所示。封面包括平装和精装两种。

图书封面设计包含 5 个要素：文字、材料、图案、色彩和工艺。

图 13-2

## 3. 扉页

扉页是指封面或环衬页后的一页，其上所载的文字内容比封面文字的内容更详尽。扉页的背面可以是空白的，也可以适当加一点图案进行装饰。

除向读者介绍书名、作者名和出版社名外，扉页还是书的入口和序曲，因而是图书内部设计的重点。扉页的设计要能表现出图书的内容、时代精神和作者风格，如图 13-3 所示。

图 13-3

#### 4. 插图

插图是图书的重要组成部分，可以激发读者的想象力，从而加深读者对内容的理解。图书插图如图 13-4 所示。

图 13-4

#### 5. 正文

图书的核心部分是正文，它是图书设计的基础。良好的正文设计可方便读者阅读，同时给读者以美的享受，如图 13-5 所示。

正文包括几大要素：开本、版心、字体、行距、重点标志、段落起行、页码、标题、注文。

图 13-5

## 任务 13.1　制作化妆美容图书封面

### 13.1.1　任务分析

某出版社即将出版一本关于化妆的图书，名字叫作《四季美妆私语》，目前需要为图书设计封面。封面设计要求围绕化妆这一主题，并能够吸引读者注意。

图书封面使用可爱的背景，注重细节的修饰和处理；整体色调美观舒适、搭配自然；图书的封面要表现出化妆的魅力和特色，与图书主题相呼应。

本任务将使用"新建参考线版面"命令创建参考线版面，使用矩形工具、"不透明度"选项和剪贴蒙版制作宣传图片，使用椭圆工具、"定义图案"命令和"图案"命令制作底图，使用自定形状工具绘制装饰图形，使用横排文字工具和"描边"命令添加相关文字。

### 13.1.2　任务效果

本任务的最终设计效果参看云盘中的"项目 13/效果/制作化妆美容图书封面.psd"，如图 13-6 所示。

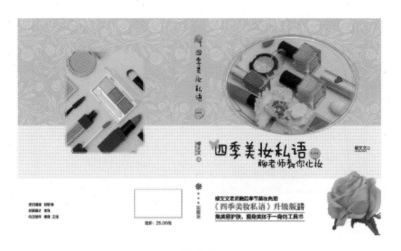

图 13-6

### 13.1.3 任务制作

**1. 制作底图**

（1）按 Ctrl+N 组合键，弹出"新建文档"对话框，设置宽度为 46.6 厘米，高度为 26.6 厘米，分辨率为 150 像素/英寸，颜色模式为 RGB 颜色，背景内容为白色，单击"创建"按钮新建文件。

（2）选择"视图 > 新建参考线版面"命令，弹出"新建参考线版面"对话框，设置如图 13-7 所示；单击"确定"按钮，完成参考线版面的创建，效果如图 13-8 所示。

图 13-7

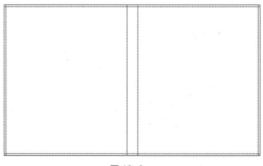

图 13-8

（3）选择矩形工具 ▢，在属性栏的"选择工具模式"下拉列表中选择"形状"选项，将填充颜色设为粉色（248、200、196），描边颜色设为无，在图像窗口中绘制一个矩形，效果如图 13-9 所示。"图层"控制面板中生成新的形状图层"矩形 1"。

（4）按 Ctrl+O 组合键，打开云盘中的"项目 13 > 素材 > 制作化妆美容图书封面 > 01"文件，选择移动工具 ✛，将花纹图片拖曳到图像窗口中的适当位置，效果如图 13-10 所示。"图层"控制面板中生成新的图层，将其命名为"花纹"。

图 13-9                              图 13-10

（5）在"图层"控制面板中将"花纹"图层的"不透明度"设为 50%，如图 13-11 所示，图像效果如图 13-12 所示。

图 13-11                         图 13-12

（6）连续 3 次将"花纹"图层拖曳到"图层"控制面板下方的"创建新图层"按钮 ▫ 上进行复制，生成新的图层。选择移动工具 ✛，在图像窗口中分别拖曳复制出的花纹图片到适当的位置，调整其大小并将其旋转到适当的角度，效果如图 13-13 所示。

（7）按住 Shift 键，将"花纹 拷贝 3"图层和"花纹"图层之间的所有图层同时选取，如图 13-14 所示。按 Alt+Ctrl+G 组合键，为选中的图层创建剪贴蒙版，效果如图 13-15 所示。

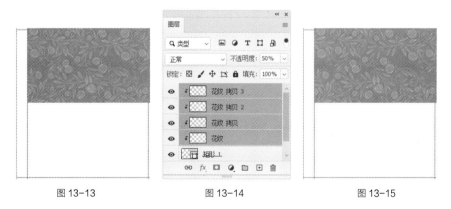

图 13-13                图 13-14                图 13-15

（8）按住 Shift 键，单击"矩形 1"形状图层，将多个图层同时选取，如图 13-16 所示。将选中的图层拖曳到"图层"控制面板下方的"创建新图层"按钮 ▫ 上进行复制，生成新的图层，如图 13-17 所示。

（9）选择移动工具 ✛，按住 Shift 键的同时，在图像窗口中水平向左拖曳复制出的图片到适当的位置，效果如图 13-18 所示。

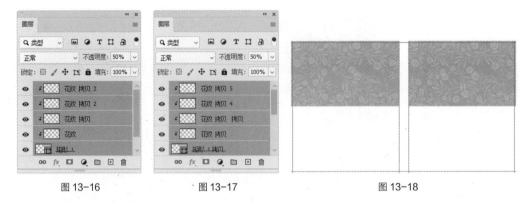

图 13-16　　　　　　　　　　图 13-17　　　　　　　　　　图 13-18

（10）选择矩形工具 ▢，在属性栏中将填充颜色设为粉色（248、200、196），描边颜色设为无，在图像窗口中绘制一个矩形，效果如图 13-19 所示。"图层"控制面板中生成新的形状图层"矩形 2"。

（11）再次选择矩形工具 ▢，在图像窗口中绘制一个矩形，"图层"控制面板中生成新的形状图层"矩形 3"。在属性栏中将填充颜色设为肤色（253、238、232），描边颜色设为无，效果如图 13-20 所示。

图 13-19　　　　　　　　　　　　　　　　图 13-20

（12）选择椭圆工具 ◯，按住 Shift 键的同时，在图像窗口中绘制一个圆形，"图层"控制面板中生成新的形状图层"椭圆 1"。在属性栏中将填充颜色设为米黄色（255、253、240），描边颜色设为无，效果如图 13-21 所示。

（13）选择矩形选框工具 ▢，在图像窗口中绘制选区，如图 13-22 所示。按住 Alt 键的同时，在"图层"控制面板中单击"椭圆 1"形状图层左侧的眼睛图标 ◉，隐藏除"椭圆 1"形状图层以外的所有图层。

（14）选择"编辑 > 定义图案"命令，弹出"图案名称"对话框，设置如图 13-23 所示，单击"确定"按钮。将"椭圆 1"形状图层删除，按 Ctrl+D 组合键取消选区，显示所有隐藏的图层。

图 13-21　　　　图 13-22　　　　　　　　　　　　图 13-23

（15）单击"图层"控制面板下方的"创建新的填充或调整图层"按钮 ◑，在弹出的菜单中选择"图案"命令，"图层"控制面板中生成"图案填充 1"图层，同时弹出"图案填充"对话框，选项的设置如图 13-24 所示。单击"确定"按钮，效果如图 13-25 所示。按 Alt+Ctrl+G 组合键，为该图层创建剪贴蒙版，效果如图 13-26 所示。

（16）按住 Shift 键，在"图层"控制面板中单击"矩形 1"图层，将需要的图层同时选取，按 Ctrl+G 组合键组合图层并将其命名为"底图"，如图 13-27 所示。

图 13-24

图 13-25

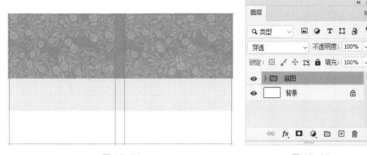

图 13-26

图 13-27

### 2. 制作封面

（1）新建图层组并将其命名为"封面"。选择椭圆工具 ，在属性栏中将填充颜色设为米黄色（255、253、240），描边颜色设为白色，描边宽度设为 15 像素。在图像窗口中绘制一个椭圆形，效果如图 13-28 所示，"图层"控制面板中生成新的形状图层"椭圆 1"。

（2）选择"文件 > 置入嵌入对象"命令，弹出"置入嵌入的对象"对话框，选择云盘中的"项目 13 > 素材 > 制作化妆美容图书封面 > 02"文件；单击"置入"按钮，将图片置入图像窗口，拖曳图片到适当的位置，并调整其大小，按 Enter 键确定操作，效果如图 13-29 所示。"图层"控制面板中生成新的图层，将其命名为"化妆品"。

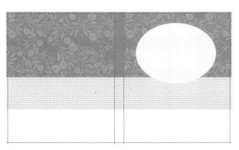

图 13-28

图 13-29

（3）按 Alt+Ctrl+G 组合键，为图层创建剪贴蒙版，效果如图 13-30 所示。按 Ctrl+O 组合键，打开云盘中的"项目 13 > 素材 > 制作化妆美容图书封面 > 03"文件。选择移动工具 ，将装饰线图片拖曳到图像窗口中的适当位置，效果如图 13-31 所示。"图层"控制面板中生成新的图层，将其命名为"装饰线"。

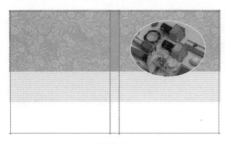
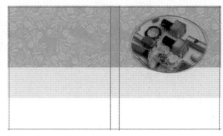

图 13-30                           图 13-31

（4）选择横排文字工具 ，在适当的位置输入需要的文字并选取文字，在属性栏中选择合适的字体并设置文字大小，设置文本颜色为黑色，效果如图 13-32 所示，"图层"控制面板中生成新的文字图层。

（5）按 Ctrl+T 组合键，弹出"字符"控制面板，各选项的设置如图 13-33 所示，按 Enter 键确定操作，效果如图 13-34 所示。

图 13-32                  图 13-33                  图 13-34

（6）单击"图层"控制面板下方的"添加图层样式"按钮 ，在弹出的菜单中选择"描边"命令，弹出"图层样式"对话框，将描边颜色设为白色，其他选项的设置如图 13-35 所示，单击"确定"按钮。用相同的方法添加文字"柳老师教你化妆"，并添加相同的描边效果，效果如图 13-36 所示。

（7）选择自定形状工具 ，在属性栏中将填充颜色设为草绿色（196、201、72），描边颜色设为土黄色（186、172、109），描边宽度设为 3 像素。单击属性栏中的"形状"按钮，弹出形状面板，展开"旧版图案及其他 > 所有旧版默认形状 > 自然"选项，在面板中选中需要的形状，如图 13-37 所示。在图像窗口中绘制蝴蝶图形，效果如图 13-38 所示，"图层"控制面板中生成新的形状图层"蝴蝶 1"。

（8）按 Ctrl+T 组合键，图形周围出现变换框，将鼠标指针放在变换框外，鼠标指针变为 形状，按住鼠标左键拖曳鼠标，将图形旋转到适当的角度，按 Enter 键确定操作，效果如图 13-39 所示。

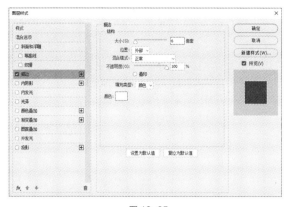

图 13-35                     图 13-36

图 13-37           图 13-38           图 13-39

**提示：** 如果无"旧版图案及其他"选项，可以选择"窗口 > 形状"命令，打开"形状"控制面板，单击控制面板右上方的 ☰ 图标，在弹出的面板菜单中选择"旧版形状及其他"命令，加载"旧版形状及其他"。

（9）选择"文件 > 置入嵌入对象"命令，弹出"置入嵌入的对象"对话框，选择云盘中的"项目 13 > 素材 > 制作化妆美容图书封面 > 04"文件；单击"置入"按钮，将图片置入图像窗口，拖曳图片到适当的位置，并调整其大小，按 Enter 键确定操作，效果如图 13-40 所示。"图层"控制面板中生成新的图层，将其命名为"标"。

（10）选择椭圆工具 ◯，在属性栏中将填充颜色设为浅棕色（235、132、73），描边颜色设为无。按住 Shift 键的同时，在图像窗口中绘制一个圆形，效果如图 13-41 所示，"图层"控制面板中生成新的形状图层"椭圆 2"。

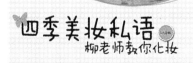 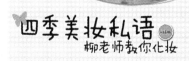

图 13-40                     图 13-41

（11）选择横排文字工具 T，在适当的位置分别输入需要的文字并选取文字，在属性栏中分别选择合适的字体并设置文字大小，设置文字颜色为黑色，效果如图 13-42 所示，"图层"控制面板中生成新的文字图层。选取文字"著"，在属性栏中设置文字颜色为白色，效果如图 13-43 所示。

（12）选择横排文字工具 T，在适当的位置输入需要的文字并选取文字，在属性栏中选择合适的字体并设置文字大小，设置文字颜色为黑色，效果如图 13-44 所示，"图层"控制面板中生成新的文字图层。选取文字"《四季……升级版"，在属性栏中设置文字颜色为红色（206、37、32），效果如图 13-45 所示。

图 13-42

图 13-43

图 13-44

图 13-45

（13）选取文字"火热发行"，在"字符"控制面板中进行设置，如图 13-46 所示，按 Enter 键确定操作，效果如图 13-47 所示。

图 13-46

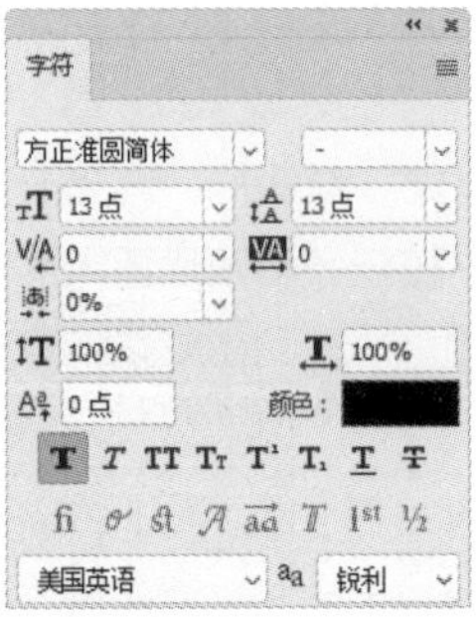

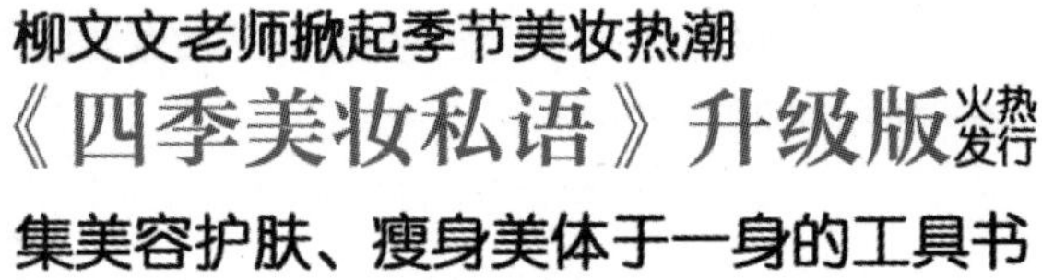

图 13-47

（14）选择直线工具 ／，在属性栏中将填充颜色设为无，描边颜色设为黑色，描边宽度设为 5 像素。按住 Shift 键的同时，在图像窗口中绘制一条直线段，效果如图 13-48 所示，"图层"控制面板中生成新的形状图层"直线 1"。

（15）选择移动工具 ⊕，按住 Alt+Shift 组合键的同时，垂直向下拖曳直线段到适当的位置，复制直线段，效果如图 13-49 所示，"图层"控制面板中生成新的形状图层"直线 1 拷贝"。

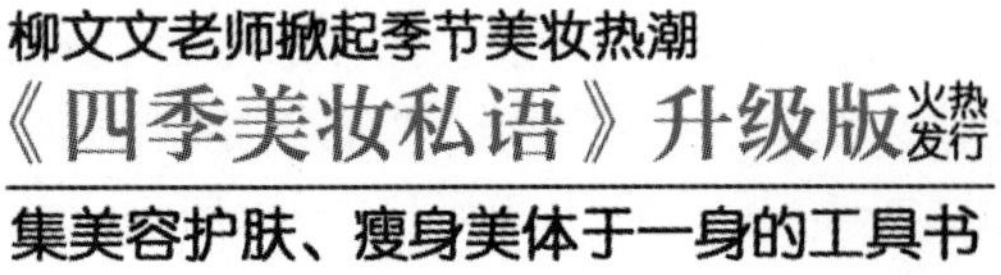

图 13-48

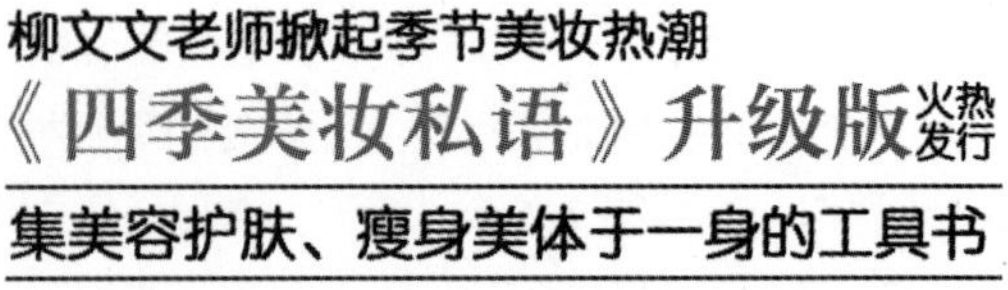

图 13-49

（16）按 Ctrl+O 组合键，打开云盘中的"项目 13 > 素材 > 制作化妆美容图书封面 > 05"文件，

选择移动工具 ⊕ ，将玫瑰花图片拖曳到图像窗口中的适当位置，效果如图 13-50 所示。"图层"控制面板中生成新的图层，将其命名为"玫瑰花"。展开"封面"图层组，将"封面"图层组中的图层隐藏，如图 13-51 所示。

图 13-50　　　　　　　　图 13-51

### 3. 制作封底和书脊

（1）新建图层组并将其命名为"封底"。选择"文件 > 置入嵌入对象"命令，弹出"置入嵌入的对象"对话框，选择云盘中的"项目 13 > 素材 > 制作化妆美容图书封面 > 06"文件；单击"置入"按钮，将图片置入图像窗口，拖曳图片到适当的位置，并调整其大小，按 Enter 键确定操作，效果如图 13-52 所示。"图层"控制面板中生成新的图层，将其命名为"图片"。

（2）选择横排文字工具 T．，在适当的位置输入需要的文字并选取文字，在属性栏中分别选择合适的字体并设置文字大小，设置文字颜色为黑色，效果如图 13-53 所示，"图层"控制面板中分别生成新的文字图层。

图 13-52　　　　　　　　　　　　　　　　　图 13-53

（3）选取文字"定价：25.00 元"，在属性栏中设置文字颜色为红色（206、37、32），效果如图 13-54 所示。选择矩形工具 □．，在属性栏中将填充颜色设为无，描边颜色设为黑色，描边宽度设为 3 像素，在图像窗口中绘制一个矩形，效果如图 13-55 所示，"图层"控制面板中生成新的形状图层"矩形 4"。折叠"封底"图层组，如图 13-56 所示。

（4）展开"封面"图层组，选中"玫瑰花"图层，如图 13-57 所示。按 Ctrl+J 组合键，复制"玫瑰花"图层，生成新的图层"玫瑰花 拷贝"，如图 13-58 所示。选择"图层 > 排列 > 置为顶层"命令，将该图层移至最顶层，如图 13-59 所示。

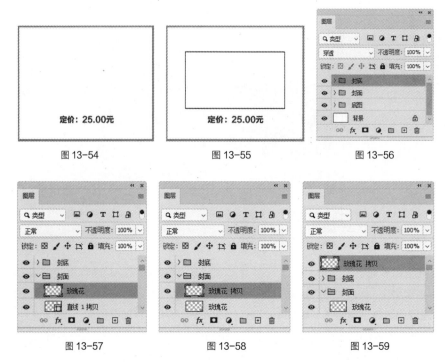

图 13-54          图 13-55          图 13-56

图 13-57          图 13-58          图 13-59

（5）按 Ctrl+T 组合键，图像周围出现变换框，向左拖曳复制的图片到书脊上适当的位置，调整其大小和角度，按 Enter 键确定操作，效果如图 13-60 所示。用相同的方法复制封面中其余需要的文字和图片到书脊上，效果如图 13-61 所示。

图 13-60          图 13-61

（6）选择自定形状工具 ，在属性栏中将填充颜色设为深红色（120、5、3），描边颜色设为无，单击属性栏中的"形状"按钮，弹出形状面板，展开"旧版图案及其他 > 所有旧版默认形状 > 花饰字"选项，在面板中选中需要的形状，如图 13-62 所示。在图像窗口中绘制花形装饰图形，效果如图 13-63 所示，"图层"控制面板中生成新的形状图层"花形装饰 4"。

（7）选择直排文字工具 ，在适当的位置输入需要的文字并选取文字，在属性栏中选择合适的字体并设置文字大小，设置文本颜色为黑色，效果如图 13-64 所示，"图层"控制面板中生成新的文字图层。

（8）按住 Shift 键，在"图层"控制面板中单击"玫瑰花 拷贝"图层，将需要的图层同时选取，按 Ctrl+G 组合键组合图层并将其命名为"书脊"，如图 13-65 所示。化妆美容图书封面制作完成，效果如图 13-66 所示。

图 13-62

图 13-63

图 13-64

图 13-65

图 13-66

## 任务 13.2　制作摄影摄像图书封面及封底

### 13.2.1　任务分析

某出版社即将出版一本摄影摄像图书，现需要根据其内容特点，设计图书封面及封底。

图书封面封底以优秀摄影作品为主，以吸引读者的注意；在画面中添加推荐文字，使画面布局合理，主次分明；封底与封面相互呼应，整体设计醒目直观，让人印象深刻。

本任务将使用矩形工具、移动工具和剪贴蒙版制作主体照片，使用横排文字工具和"字符"控制面板添加相关信息，使用矩形工具和自定形状工具绘制标识。

### 13.2.2　任务效果

本任务的最终设计效果参看云盘中的"项目 13/效果/制作摄影摄像图书封面及封底.psd"，如图 13-67 所示。

### 13.2.3　任务制作

#### 1. 制作图书封面

（1）按 Ctrl+N 组合键，弹出"新建文档"对话框，设置宽度为 35.5 厘米，高度为 22.9 厘米，分辨率为 300

图 13-67

像素/英寸，背景内容为灰色（233、233、233），单击"创建"按钮新建文件。

（2）选择"视图 > 新建参考线"命令，在弹出的对话框中进行设置，如图 13-68 所示，单击"确定"按钮，效果如图 13-69 所示。用相同的方法在 18.5cm 处新建参考线，效果如图 13-70 所示。

图 13-68

图 13-69

图 13-70

（3）选择矩形工具 ▭，在属性栏的"选择工具模式"下拉列表中选择"形状"选项，将填充颜色设为蓝绿色（171、219、219），在图像窗口中绘制矩形，效果如图 13-71 所示，"图层"控制面板中生成新的图层"矩形 1"。

（4）按 Ctrl+O 组合键，打开云盘中的"项目 13 > 素材 > 制作摄影摄像图书封面及封底 > 01"文件，选择移动工具 ✛，将图片拖曳到图像窗口中适当的位置，效果如图 13-72 所示。"图层"控制面板中生成新图层，将其命名为"照片 1"。按 Alt+Ctrl+G 组合键，创建剪贴蒙版，效果如图 13-73 所示。

图 13-71

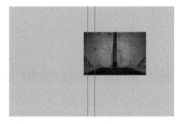
图 13-72

图 13-73

（5）按住 Shift 键，单击"矩形 1"图层，将"矩形 1"和"照片 1"图层同时选取。按住 Alt+Shift 组合键的同时，将其拖曳到适当的位置，复制图像，效果如图 13-74 所示。选择"照片 1 拷贝"图层，按 Delete 键，删除该图层，效果如图 13-75 所示。

（6）按 Ctrl+T 组合键，图像周围出现变换框，向上拖曳下方中间的控制手柄到适当的位置，再向右拖曳右侧中间的控制手柄，按 Enter 键确定操作，效果如图 13-76 所示。

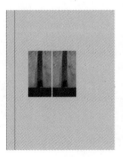
图 13-74

图 13-75

图 13-76

（7）按 Ctrl+O 组合键，打开云盘中的"项目 13 > 素材 > 制作摄影摄像图书封面及封底 > 02"

文件，选择移动工具 ⊹，将图片拖曳到图像窗口中适当的位置，效果如图 13-77 所示，"图层"控制面板中生成新的图层，将其命名为"照片 2"。按 Alt+Ctrl+G 组合键，创建剪贴蒙版，效果如图 13-78 所示。用相同的方法制作其他照片，效果如图 13-79 所示。

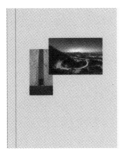
图 13-77

图 13-78

图 13-79

（8）选择横排文字工具 **T**，在适当的位置分别输入需要的文字并选取文字，在属性栏中分别选择合适的字体并设置文字大小，效果如图 13-80 所示，"图层"控制面板中分别生成新的文字图层。选择"零基础学……"文字图层。选择"窗口 > 字符"命令，弹出"字符"控制面板，选项的设置如图 13-81 所示，按 Enter 键确定操作，效果如图 13-82 所示。

（9）按住 Ctrl 键，单击"零基础学……""走进摄影世界""构图与用光""矩形 1 拷贝 5"图层，将其同时选取。选择移动工具 ⊹，单击属性栏中的"右对齐"按钮 ≡，对齐文字和图形，效果如图 13-83 所示。

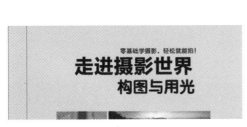
图 13-80

图 13-81

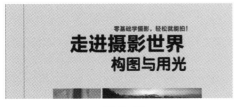
图 13-82

图 13-83

（10）按住 Ctrl 键，单击"零基础学……"和"构图与用光"图层，将其同时选取。在"字符"控制面板中将颜色设为橘色（255、87、9），效果如图 13-84 所示。按 Ctrl＋O 组合键，打开云盘中的"项目 13 > 素材 > 制作摄影摄像图书封面及封底 > 07"文件，选择移动工具 ⊹，将图片拖曳到图像窗口中适当的位置，效果如图 13-85 所示，"图层"控制面板中生成新图层，将其命名为"相机"。

图 13-84                    图 13-85

（11）选择横排文字工具 T.，在适当的位置分别输入需要的文字并选取文字，在属性栏中分别选择合适的字体并设置文字大小，效果如图 13-86 所示，"图层"控制面板中分别生成新的文字图层。

（12）选择矩形工具 □.，在属性栏中将填充颜色设为绿色（111、194、20），在图像窗口中绘制矩形，效果如图 13-87 所示，"图层"控制面板中生成新的图层"矩形 2"。

图 13-86                    图 13-87

（13）选择"窗口 > 形状"命令，弹出"形状"控制面板。单击"形状"控制面板右上方的 ≡ 图标，弹出其面板菜单，在其中选择"旧版形状及其他"命令，添加旧版形状。选择自定形状工具 ,，单击属性栏中的"形状"按钮，弹出形状面板，在面板中展开"旧版形状及其他 > 所有旧版默认形状 > 胶片"选项，在其中选择需要的图形，如图 13-88 所示。在图像窗口中绘制图形，在属性栏中将填充颜色设为黑色，效果如图 13-89 所示。

（14）选择横排文字工具 T.，在适当的位置输入需要的文字并选取文字，在属性栏中选择合适的字体并设置文字大小。按 Alt+ →组合键，调整文字间距，效果如图 13-90 所示，"图层"控制面板中生成新的文字图层。

图 13-88              图 13-89              图 13-90

（15）按住 Shift 键，单击"矩形 1"图层，将需要的图层同时选取。按 Ctrl+G 组合键组合图层并将其命名为"封面"。

**2. 制作图书封底**

（1）选择矩形工具 □.，在属性栏中将填充颜色设为灰色（170、170、170），在图像窗口中绘制矩形，效果如图 13-91 所示，"图层"控制面板中生成新的图层"矩形 3"。

（2）按 Ctrl＋O 组合键，打开云盘中的"项目 13 > 素材 > 制作摄影摄像图书封面及封底 > 08"文件，选择移动工具 ⊕.，将图片拖曳到图像窗口中适当的位置，效果如图 13-92 所示。"图层"控制面板中生成新图层，将其命名为"照片 7"。按 Alt+Ctrl+G 组合键，创建剪贴蒙版，效果如

图 13-93 所示。

图 13-91 图 13-92 图 13-93

（3）按住 Shift 键，单击"矩形 3"图层，将"矩形 3"和"照片 7"图层同时选取。按住 Alt+Shift 组合键的同时，将其拖曳到适当的位置，复制图像，效果如图 13-94 所示。选择"照片 7 拷贝"图层，按 Delete 键，删除该图层，效果如图 13-95 所示。

图 13-94 图 13-95

（4）按 Ctrl＋O 组合键，打开云盘中的"项目 13＞素材 ＞ 制作摄影摄像图书封面及封底 ＞ 09"文件，选择移动工具 ，将图片拖曳到图像窗口中适当的位置，效果如图 13-96 所示。"图层"控制面板中生成新图层，将其命名为"照片 8"。按 Alt+Ctrl+G 组合键，创建剪贴蒙版，效果如图 13-97 所示。用相同的方法制作其他照片，效果如图 13-98 所示。

图 13-96 图 13-97 图 13-98

（5）选择横排文字工具 ，在适当的位置输入需要的文字并选取文字，在属性栏中选择合适的字体并设置文字大小，效果如图 13-99 所示，"图层"控制面板中生成新的文字图层。

（6）选择文字"出版人"，在"字符"控制面板中进行设置，如图 13-100 所示，按 Enter 键确定操作，效果如图 13-101 所示。用相同的方法调整其他文字，效果如图 13-102 所示。

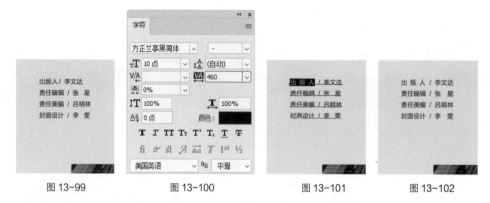

图 13-99　　　　　　图 13-100　　　　　　图 13-101　　　　　　图 13-102

（7）选择矩形工具□，在属性栏中将填充颜色设为白色，在图像窗口中绘制矩形，效果如图 13-103 所示，"图层"控制面板中生成新的图层"矩形 4"。按 Ctrl+J 组合键，复制图形，生成新的图层"矩形 4 拷贝"。在属性栏中将填充颜色设为橘色（255、87、9）。

（8）按 Ctrl+T 组合键，图像周围出现变换框，向上拖曳下方中间的控制手柄到适当的位置，按 Enter 键确定操作，效果如图 13-104 所示。选择移动工具✛，按住 Alt 键的同时，将其拖曳到适当的位置，复制图形，效果如图 13-105 所示。

图 13-103　　　　　　图 13-104　　　　　　图 13-105

（9）选择横排文字工具 T，在适当的位置分别输入需要的文字并选取文字。在属性栏中分别选择合适的字体并设置文字大小，设置文字颜色为白色，效果如图 13-106 所示，"图层"控制面板中分别生成新的文字图层。

（10）按住 Shift 键，选取两个文字图层，在"字符"控制面板中进行设置，如图 13-107 所示。按 Enter 键确定操作，效果如图 13-108 所示。

图 13-106　　　　　　图 13-107　　　　　　图 13-108

（11）按住 Shift 键，单击"矩形 3"图层，将需要的图层同时选取。按 Ctrl+G 组合键组合图层并将其命名为"封底"。

**3. 制作图书书脊**

（1）展开"封面"图层组。按住 Ctrl 键，单击"走进摄影世界"和"构图与用光"图层，将其同时选取。按 Ctrl+J 组合键，复制文字，生成新的图层，并将其拖曳到所有图层的上方，如图 13-109 所示。选择移动工具 ⊹，将文字拖曳到适当的位置，效果如图 13-110 所示。

图 13-109      图 13-110

（2）选择横排文字工具 **T.**，在属性栏中单击"切换文本取向"按钮 ⊞，将其转换为竖排文字，效果如图 13-111 所示。分别选取文字，并调整其大小。选择移动工具 ⊹，将文字分别拖曳到适当的位置，效果如图 13-112 所示。

（3）按住 Ctrl 键，单击"相机""矩形 2""形状 1"图层，将其同时选取。按 Ctrl+J 组合键，复制图层，生成新的图层，并将其拖曳到所有图层的上方。选择移动工具 ⊹，分别将图形和图像拖曳到适当的位置，并调整其大小，效果如图 13-113 所示。

图 13-111      图 13-112      图 13-113

（4）用上述方法复制文字，并调整文字取向和大小，效果如图 13-114 所示。选择横排文字工具 **T.**，选择文字，在"字符"控制面板中进行设置，如图 13-115 所示，按 Enter 键确定操作，效果如图 13-116 所示。按住 Shift 键，单击"出版社"图层，将需要的图层同时选取。按 Ctrl+G 组合键组合图层并将其命名为"书脊"。摄影摄像图书封面及封底制作完成，效果如图 13-117 所示。

图 13-114　　　　　图 13-115　　　　　图 13-116　　　　　图 13-117

# 项目实践 1——制作花艺工坊图书封面

【项目知识要点】使用矩形工具和剪贴蒙版制作图片，使用横排文字工具、直排文字工具和"字符"控制面板添加图书基本信息，最终效果如图 13-118 所示。

【效果所在位置】项目 13/效果/制作花艺工坊图书封面.psd。

图 13-118

# 项目实践 2——制作家常菜图书封面

【项目知识要点】使用"新建参考线"命令分割页面，使用移动工具添加图书图片，使用直排文字工具和椭圆工具添加书名，使用"色阶"命令调整图片色调，最终效果如图 13-119 所示。

【效果所在位置】项目 13/效果/制作家常菜图书封面.psd。

图 13-119

# 课后习题 1——制作吉祥剪纸图书封面

【习题知识要点】使用"新建参考线"命令添加参考线，使用矩形工具和多边形工具制作装饰图形，使用移动工具和"置入嵌入对象"命令添加图像，使用图层样式为图片添加"颜色叠加"效果，最终效果如图 13-120 所示。

【效果所在位置】项目 13/效果/制作吉祥剪纸图书封面.psd。

图 13-120

# 课后习题 2——制作茶道图书封面

【习题知识要点】使用"新建参考线"命令添加参考线，使用横排文字工具和直排文字工具添加文字，使用移动工具和"置入嵌入对象"命令添加素材图片，使用矩形工具和椭圆工具绘制装饰图形，最终效果如图 13-121 所示。

【效果所在位置】项目 13/效果/制作茶道图书封面.psd。

图 13-121

# 项目 14
# 包装设计

## 相关知识——包装设计概述

包装最主要的功能是保护商品，其次是美化商品和传递信息。要想将包装设计好，除了需要遵循设计的基本原则外，还要着重研究消费者的心理活动，这样才能使商品从同类商品中脱颖而出。包装设计示例如图 14-1 所示。

图 14-1

### 1. 包装的分类

（1）按包装在流通中的作用分类：运输包装和销售包装。

（2）按包装材料分类：纸板、木材、金属、塑料、玻璃和陶瓷、纤维织品、复合材料等包装。

（3）按销售市场分类：内销商品包装和出口商品包装。

（4）按商品种类分类：建材商品包装、农牧水产品商品包装、食品和饮料商品包装、轻工日用品商品包装、纺织品和服装商品包装、化工商品包装、医药商品包装、机电商品包装、电子商品包装、兵器包装等。

### 2. 包装设计的定位

商品包装设计应遵循"科学、经济、牢固、美观、适销"的原则。构思是设计的灵魂，在整理各种要素的基础上选准重点，突出主题，是设计构思的重要原则。

（1）以商品定位：以商品本身为主体形象，即商品再现。将商品照片直接运用在包装上，以直接传递商品的信息，让消费者更容易理解与接受。

（2）以品牌定位：主要应用于品牌知名度较高的商品的包装设计。在设计处理上，以商品标志形象与品牌定性分析为重心。

（3）以消费者定位：以商品的消费人群为导向，主要应用于拥有特定消费者的商品的包装设计上。

（4）以差别化定位：与竞争对手形成较大的差别化定位，展现独特且个性化的设计表现。

（5）以传统定位：追求某种民族性传统感，用于富有地方传统特色的商品的包装设计上，对传统图形加以形或色的改造。

（6）以文案定位：主要为商品有关信息的详尽介绍。在处理上，应注意文案编排的风格特征，同时搭配插图以丰富表现形式。

（7）以礼品性定位：以华贵或典雅的装饰效果为主。这类定位一般应用于高档商品，设计处理时有较强的灵活性。

（8）以纪念性定位：着重对庆典活动、旅游活动、文化体育活动等具有特定纪念意义的活动进行的设计。

（9）以商品档次定位：要防止过度包装，必须做到包装材料与商品价值相称，既要保证商品的品质，又要尽可能降低生产成本。

（10）以商品特殊属性定位：以商品特有的纹样或色彩为主体形象，这类商品的包装设计要根据商品本身的性质进行。

## 任务 14.1　制作冰激凌包装

### 14.1.1　任务分析

怡喜是一家冰激凌品牌，现推出新款草莓口味冰激凌，需要为其制作独立包装，要求体现出产品特色。

本任务使用合理的色彩搭配，突出主题，给人舒适感。字体的设计与宣传的主体相呼应，以达到宣传的目的。整体设计简洁大方，易使消费者产生购买欲望。

本任务将使用椭圆工具和图层样式制作包装底图，使用"色阶"和"色相/饱和度"调整图层调整冰激凌图像，使用横排文字工具添加包装信息，使用移动工具、"置入嵌入对象"命令和图层样式制作包装展示效果。

### 14.1.2　任务效果

本任务的最终设计效果参看云盘中的"项目 14/效果/制作冰激凌包装.psd"，如图 14-2 所示。

图 14-2

### 14.1.3　任务制作

#### 1. 制作包装平面图

（1）按 Ctrl+N 组合键，弹出"新建文档"对话框，设置宽度为 7.5 厘米，高度为 7.5 厘米，分辨率为 300 像素/英寸，颜色模式为 RGB，背景内容为白色，单击"创建"按钮新建文件。

（2）选择椭圆工具 ⓞ，在属性栏的"选择工具模式"下拉列表中选择"形状"选项，将填充颜色设为橘黄色（254、191、17），描边颜色设为无。按住 Shift 键的同时，在图像窗口中绘制圆形，效果如图 14-3 所示，"图层"控制面板中生成新的形状图层"椭圆 1"。

（3）按 Ctrl+J 组合键，复制"椭圆 1"图层，生成新的图层"椭圆 1 拷贝"。按 Ctrl+T 组合键，圆形周围出现变换框，按住 Alt+Shift 组合键的同时，向内拖曳右上角的控制手柄，等比例缩小圆形，按 Enter 键确定操作，效果如图 14-4 所示。

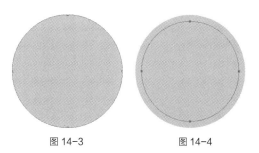

图 14-3          图 14-4

（4）单击"图层"控制面板下方的"添加图层样式"按钮 *fx*，在弹出的菜单中选择"投影"命令，在弹出的对话框中进行设置，如图 14-5 所示，单击"确定"按钮，效果如图 14-6 所示。

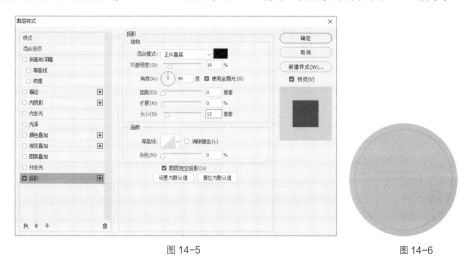

图 14-5                          图 14-6

（5）按 Ctrl+O 组合键，打开云盘中的"项目 14 > 素材 > 制作冰激凌包装 > 01"文件，选择移动工具 ✥，将图片拖曳到新建图像窗口中适当的位置，效果如图 14-7 所示。"图层"控制面板中生成新的图层，将其命名为"冰激凌"。

（6）单击"图层"控制面板下方的"创建新的填充或调整图层"按钮 ◕，在弹出的菜单中选择"色阶"命令，"图层"控制面板中生成"色阶 1"图层，同时弹出"属性"控制面板；在其中进行设置，如图 14-8 所示，按 Enter 键确定操作。

（7）再次单击"图层"控制面板下方的"创建新的填充或调整图层"按钮 ◕，在弹出的菜单中选择"色相/饱和度"命令，"图层"控制面板中生成"色相/饱和度 1"图层，同时弹出"属性"控制面板；在其中进行设置，如图 14-9 所示，按 Enter 键确定操作，图像效果如图 14-10 所示。

（8）选中"色相/饱和度 1"图层的蒙版缩览图。将前景色设为黑色。选择画笔工具 ✎，在属性栏中单击"画笔预设"按钮，在弹出的面板中选择需要的画笔形状，如图 14-11 所示。在图像窗口中的草莓处进行涂抹，擦除不需要的颜色，效果如图 14-12 所示。

（9）选择横排文字工具 **T**，在适当的位置输入需要的文字并选取文字。在属性栏中分别选择合适的字体并设置文字大小，设置文字颜色为红色（244、32、0），效果如图 14-13 所示，"图层"控制面板中生成新的文字图层。

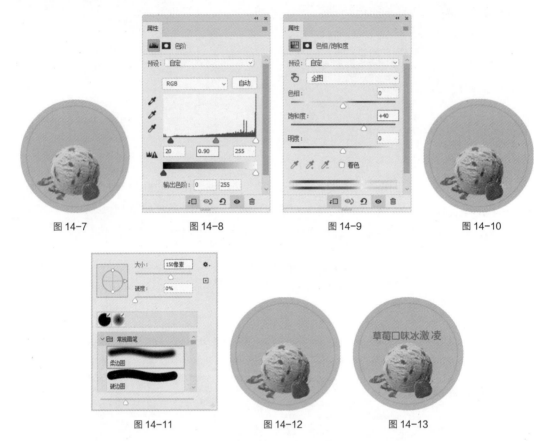

图 14-7          图 14-8          图 14-9          图 14-10

图 14-11          图 14-12          图 14-13

（10）选择横排文字工具 **T**，在适当的位置分别输入需要的文字并选取文字。在属性栏中分别选择合适的字体并设置文字大小，按 Alt+←组合键，调整文字间距，设置文字颜色为棕色（81、50、30），效果如图 14-14 所示，"图层"控制面板中分别生成新的文字图层。

（11）选择横排文字工具 **T**，在适当的位置输入需要的文字并选取文字，在属性栏中选择合适的字体并设置文字大小，在属性栏中单击"居中对齐文本"按钮 ≡，效果如图 14-15 所示，"图层"控制面板中生成新的文字图层。

（12）按 Ctrl+O 组合键，打开云盘中的"项目 14 > 素材 > 制作冰激凌包装 > 02"文件，选择移动工具 ✛，将图片拖曳到新建图像窗口中适当的位置，效果如图 14-16 所示。"图层"控制面板中生成新的图层，将其命名为"标志"。

（13）在"图层"控制面板中单击"背景"图层左侧的眼睛图标 👁，将"背景"图层隐藏，如图 14-17 所示，图像效果如图 14-18 所示。选择"文件 > 存储为"命令，弹出"另存为"对话框，将文件命名为"冰激凌包装平面图"，保存为 PNG 格式。单击"保存"按钮，弹出"PNG 格式选项"对话框，单击"确定"按钮，将文件导出为 PNG 格式。

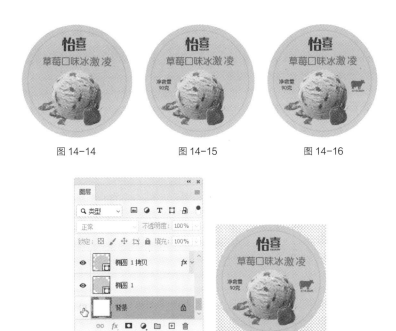

图 14-14          图 14-15          图 14-16

图 14-17          图 14-18

### 2. 制作包装展示效果

（1）按 Ctrl+N 组合键，弹出"新建文档"对话框，设置宽度为 20 厘米，高度为 16 厘米，分辨率为 150 像素/英寸，颜色模式为 RGB，背景内容为紫色（198、174、208），单击"创建"按钮新建文件。

（2）按 Ctrl+O 组合键，打开云盘中的"项目 14 > 素材 > 制作冰激凌包装 > 03、04"文件，选择移动工具 ✛，分别将图片拖曳到新建图像窗口中适当的位置，效果如图 14-19 所示。"图层"控制面板中分别生成新的图层，将其命名为"芝麻"和"叶子"，如图 14-20 所示。

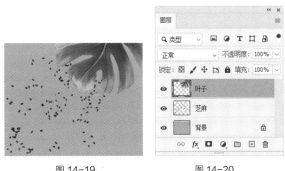

图 14-19          图 14-20

（3）单击"图层"控制面板下方的"添加图层样式"按钮 fx，在弹出的菜单中选择"投影"命令，在弹出的对话框中进行设置，如图 14-21 所示，单击"确定"按钮，效果如图 14-22 所示。

（4）单击"图层"控制面板下方的"创建新的填充或调整图层"按钮 ◑，在弹出的菜单中选择"自然饱和度"命令，"图层"控制面板中生成"自然饱和度 1"图层，同时弹出"属性"控制面板；在其中进行设置，如图 14-23 所示。按 Enter 键确定操作，图像效果如图 14-24 所示。

（5）按 Ctrl+O 组合键，打开云盘中的"项目 14 > 素材 > 制作冰激凌包装 > 05"文件，选择移动工具 ⊕，将图片拖曳到新建图像窗口中适当的位置，效果如图 14-25 所示。"图层"控制面板中生成新的图层，将其命名为"盒子"。

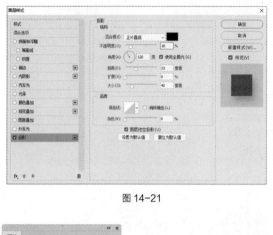

图 14-21                                          图 14-22

图 14-23                        图 14-24                        图 14-25

（6）单击"图层"控制面板下方的"添加图层样式"按钮 fx，在弹出的菜单中选择"投影"命令，在弹出的对话框中进行设置，如图 14-26 所示，单击"确定"按钮，效果如图 14-27 所示。

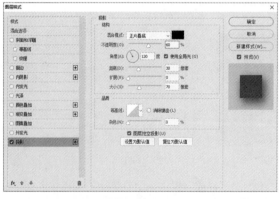

图 14-26                                          图 14-27

（7）选择"文件 > 置入嵌入对象"命令，弹出"置入嵌入的对象"对话框，选择云盘中的"项目 14 > 效果 > 制作冰激凌包装 > 冰激凌包装平面图.png"文件，单击"置入"按钮，置入图片。将图片拖曳到适当的位置，并调整其大小，按 Enter 键确定操作，效果如图 14-28 所示。"图层"

控制面板中生成新的图层，将其命名为"冰激凌包装"。

（8）按 Ctrl+O 组合键，打开云盘中的"项目 14 > 素材 > 制作冰激凌包装 > 06"文件，选择移动工具 ⊕ ，将图片拖曳到新建图像窗口中适当的位置，效果如图 14-29 所示。"图层"控制面板中生成新的图层，将其命名为"草莓"。

图 14-28          图 14-29

（9）单击"图层"控制面板下方的"添加图层样式"按钮 *fx*，在弹出的菜单中选择"投影"命令，在弹出的对话框中进行设置，如图 14-30 所示，单击"确定"按钮，效果如图 14-31 所示。冰激凌包装制作完成。

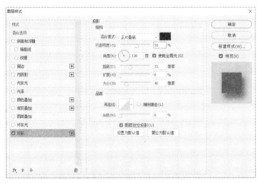

图 14-30          图 14-31

## 任务 14.2　制作果汁饮料包装

### 14.2.1　任务分析

天乐饮料是一家生产纯天然果汁的企业，现推出一款有机水果饮料，需要为其设计包装，要求包装体现出果汁健康新鲜的特点。

包装整体色调为米黄色和粉红色，体现出产品新鲜、健康的特点；字体简洁大气，配合整体的包装风格，让人印象深刻；画面以水果图片为主，图文编排合理，视觉效果强烈。

本任务将使用"新建参考线"命令添加参考线，使用矩形选框工具和绘图工具绘制背景底图，使用移动工具制作水果图片等，使用横排文字工具和"文字变形"命令添加宣传文字，使用"自由变换"命令和钢笔工具制作立体效果图，使用移动工具制作广告效果图。

### 14.2.2　任务效果

本任务的最终设计效果参看云盘中的"项目 14/效果/制作果汁饮料包装.psd"，如图 14-32 所示。

图 14-32

### 14.2.3　任务制作

#### 1. 绘制正面图形

（1）按 Ctrl+N 组合键，弹出"新建文档"对话框，设置宽度为 29 cm，高度为 29 cm，分辨率为 300 像素/英寸，颜色模式为 RGB，背景内容为白色，单击"创建"按钮新建文件。

（2）选择"视图 > 新建参考线"命令，弹出"新建参考线"对话框，设置如图 14-33 所示，单击"确定"按钮，完成垂直参考线的创建，效果如图 14-34 所示。

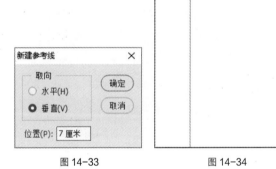

图 14-33　　　　　　　　　　　　图 14-34

（3）使用相同的方法在 14cm、21cm 和 28cm 处分别创建垂直参考线，如图 14-35 所示。在 0.7cm、1.5cm、5.5cm、25cm 和 28.3cm 处创建水平参考线，如图 14-36 所示。

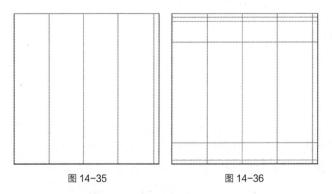

图 14-35　　　　　　　　　　　　图 14-36

（4）选择圆角矩形工具 ◻，在属性栏的"选择工具模式"下拉列表中选择"路径"选项，将半径设为 40 像素。在图像窗口中适当的位置绘制圆角矩形，效果如图 14-37 所示。

（5）选择"窗口 > 属性"命令，弹出"属性"控制面板，各选项的设置如图 14-38 所示，按 Enter 键确定操作，效果如图 14-39 所示。

图 14-37　　　　　　　　图 14-38　　　　　　　　图 14-39

（6）按 Ctrl+Enter 组合键，将路径转换为选区，如图 14-40 所示。新建图层并将其命名为"卡其底色"。将前景色设为卡其色（223、209、175）。按 Alt+Delete 组合键，用前景色填充选区。按 Ctrl+D 组合键，取消选区，如图 14-41 所示。

（7）选择移动工具 ，按住 Alt+Shift 组合键的同时，将图形拖曳到适当的位置，复制图形，如图 14-42 所示，"图层"控制面板中生成新的图层"卡其底色 拷贝"。

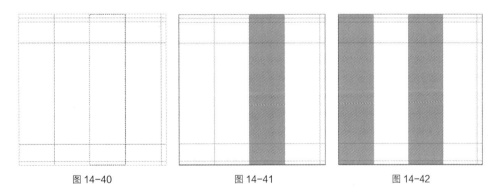

图 14-40　　　　　　　　图 14-41　　　　　　　　图 14-42

（8）选择矩形选框工具 ，在形状下方绘制选区，如图 14-43 所示。按 Delete 键，删除选区中的形状。按 Ctrl+D 组合键，取消选区，如图 14-44 所示。

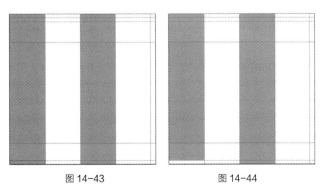

图 14-43　　　　　　　　图 14-44

（9）新建图层并将其命名为"粉底色"。选择矩形选框工具 ⬚，在适当的位置绘制选区，如图 14-45 所示。将前景色设为粉色（236、64、97），按 Alt+Delete 组合键，用前景色填充选区。按 Ctrl+D 组合键，取消选区，如图 14-46 所示。

（10）选择移动工具 ✛，按住 Alt+Shift 组合键的同时，将图形拖曳到适当的位置，复制图形，如图 14-47 所示，"图层"控制面板中生成新的图层"粉底色 拷贝"。

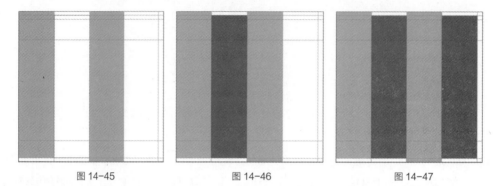

图 14-45　　　　　　　　　图 14-46　　　　　　　　　图 14-47

（11）选择多边形套索工具 ⋙，在适当的位置绘制选区，如图 14-48 所示。按 Alt+Delete 组合键，用前景色填充选区。按 Ctrl+D 组合键，取消选区，如图 14-49 所示。

（12）按 Ctrl+O 组合键，打开云盘中的"项目 14 ＞ 素材 ＞ 制作果汁饮料包装 ＞ 01、02"文件。选择移动工具 ✛，将"01"和"02"图像分别拖曳到新建的图像窗口中适当的位置并调整其大小，如图 14-50 所示。"图层"控制面板中生成新的图层，将其分别命名为"水果"和"果篮"。

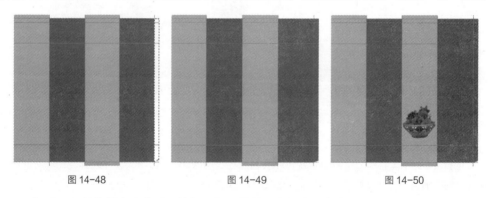

图 14-48　　　　　　　　　图 14-49　　　　　　　　　图 14-50

（13）新建图层并将其命名为"果篮投影"。将前景色设为黑灰色（61、46、0）。选择椭圆工具 ◯，在属性栏的"选择工具模式"下拉列表中选择"像素"选项，在图像窗口中适当的位置绘制椭圆形，效果如图 14-51 所示。选择"滤镜 ＞ 模糊 ＞ 高斯模糊"命令，在弹出的对话框中进行设置，如图 14-52 所示，单击"确定"按钮，效果如图 14-53 所示。

（14）将"果篮投影"图层拖曳到"水果"图层的下方，调整图层顺序，效果如图 14-54 所示。

（15）按 Ctrl+O 组合键，打开云盘中的"项目 14 ＞ 素材 ＞ 制作果汁饮料包装 ＞ 03"文件。选择移动工具 ✛，将"03"图像拖曳到新建的图像窗口中适当的位置并调整其大小。"图层"控制面板中生成新的图层，将其命名为"叶子"。将"叶子"图层拖曳到"果篮投影"图层的下方，调整图层顺序，效果如图 14-55 所示。

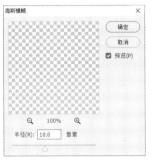

图 14-51          图 14-52          图 14-53

图 14-54          图 14-55

（16）单击"图层"控制面板下方的"添加图层样式"按钮 _fx_ ，在弹出的菜单中选择"投影"命令，弹出"图层样式"对话框，将投影颜色设为黑色，其他选项的设置如图 14-56 所示。单击"确定"按钮，效果如图 14-57 所示。

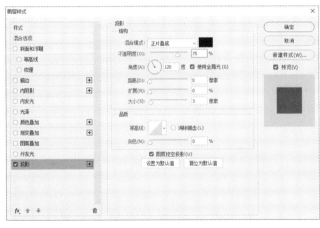

图 14-56          图 14-57

（17）选中"果篮"图层。按 Ctrl+O 组合键，打开云盘中的"项目 14 > 素材 > 制作果汁饮料包装 > 04、05、06"文件。选择移动工具 ，将"04""05""06"图像分别拖曳到新建的图像窗口中适当的位置并调整其大小。"图层"控制面板中生成新的图层，分别将其命名为"覆盆子""树枝""小鸟"，效果如图 14-58 所示。

（18）选择椭圆工具 ，在属性栏的"选择工具模式"下拉列表中选择"形状"选项，将填充颜色设为粉色（236、64、97），描边颜色设为无。按住 Shift 键的同时，在图像窗口中适当的位置绘制圆形，如图 14-59 所示，"图层"控制面板中生成新的形状图层"椭圆 1"。

图 14-58     图 14-59

（19）选择钢笔工具 ，在图像窗口中绘制需要的形状，如图 14-60 所示，"图层"控制面板中生成新的形状图层"形状 1"。

（20）选中"果篮"图层。按 Ctrl+O 组合键，打开云盘中的"项目 14 > 素材 > 制作果汁饮料包装 > 07"文件。选择移动工具 ，将"07"图像拖曳到新建的图像窗口中适当的位置。"图层"控制面板中生成新的图层，将其命名为"飘带"，效果如图 14-61 所示。

图 14-60     图 14-61

（21）选择横排文字工具 **T**，输入需要的文字并选取文字，在属性栏中选择合适的字体并设置文字大小，将文字颜色设为粉色（236、64、97），效果如图 14-62 所示，"图层"控制面板中生成新的文字图层。选择"文字 > 文字变形"命令，在弹出的对话框中进行设置，如图 14-63 所示，单击"确定"按钮，效果如图 14-64 所示。

图 14-62     图 14-63     图 14-64

（22）使用相同的方法再次输入文字，在属性栏中分别选择合适的字体并设置文字大小，将文字颜色设为浅卡其色（246、232、199），效果如图 14-65 所示。再次在适当的位置输入文字，将文字颜色设为粉色（236、64、97），效果如图 14-66 所示，"图层"控制面板中分别生成新的文字图层。

（23）按住 Shift 键，在"图层"控制面板中单击"叶子"图层，将需要的图层同时选取。按 Ctrl+G 组合键组合图层并将其命名为"面 1"。按 Ctrl+J 组合键，复制图层组，"图层"控制面板中生成新的图层组"面 1 拷贝"。按 Ctrl+T 组合键，图像周围出现变换框，将其拖曳到适当的位置，按 Enter 键确定操作，效果如图 14-67 所示。

| 图 14-65 | 图 14-66 | 图 14-67 |

### 2. 绘制侧面图形

（1）新建图层组并将其命名为"面 2"。展开"面 1"图层组，选中"Fresh fruit juice"文字图层，按住 Shift 键，单击"飘带"图层，将两个图层之间的所有图层同时选取。按 Ctrl+J 组合键，复制图层，"图层"控制面板中生成新的图层。

（2）将复制的图层拖曳到"面 2"图层组中。按 Ctrl+T 组合键，将图形和文字拖曳到适当的位置，效果如图 14-68 所示。使用相同的方法复制其他图层，将其拖曳到适当的位置并调整其大小，"图层"控制面板中生成新的图层，效果如图 14-69 所示。

| 图 14-68 | 图 14-69 |

（3）新建图层并将其命名为"白色矩形"。将前景色设为白色。选择矩形工具 ▢，在属性栏中的"选择工具模式"下拉列表中选择"像素"选项，在图像窗口中适当的位置绘制矩形，效果如图 14-70 所示。

（4）在"图层"控制面板的上方将"白色矩形"图层的"不透明度"设为 80%，如图 14-71 所示，按 Enter 键确定操作，效果如图 14-72 所示。

图 14-70    图 14-71    图 14-72

（5）按 Ctrl+J 组合键，复制矩形，"图层"控制面板中生成新的图层。选择移动工具 ⊕ ，按住 Shift 键的同时，将其向下拖曳到适当的位置。按 Ctrl+T 组合键，图像周围出现变换框，向下拖曳下方中间的控制手柄到适当的位置，调整其大小，按 Enter 键确定操作，效果如图 14-73 所示。

（6）在"图层"控制面板的上方将"白色矩形 拷贝"图层的"不透明度"设为 20%，如图 14-74 所示，按 Enter 键确定操作，效果如图 14-75 所示。

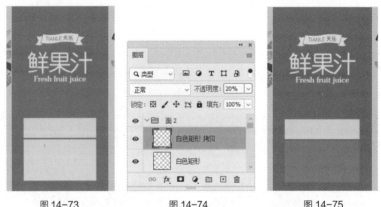

图 14-73    图 14-74    图 14-75

（7）选择"果篮"图层。按 Ctrl+O 组合键，打开云盘中的"项目 14 > 素材 > 制作果汁饮料包装 > 08"文件。选择移动工具 ⊕ ，将"08"图像拖曳到新建的图像窗口中适当的位置，效果如图 14-76 所示。"图层"控制面板中生成新的图层，将其命名为"文字"。

（8）选中"面 1"图层组中的"小鸟"图层，按 Ctrl+J 组合键，复制图层，"图层"控制面板中生成新的图层。将其拖曳到"文字"图层的上方，如图 14-77 所示。按 Ctrl+T 组合键，将图像拖曳到适当的位置并调整其大小，效果如图 14-78 所示。

（9）折叠"面 2"图层组。按 Ctrl+J 组合键，复制图层组，"图层"控制面板中生成新的图层组。按 Ctrl+T 组合键，图像周围出现变换框，将其拖曳到适当的位置，效果如图 14-79 所示。

（10）展开"面 2 拷贝"图层组，选中"小鸟 拷贝"图层，按住 Shift 键，单击"叶子 拷贝"图层，将需要的图层同时选取。按 Delete 键，将其删除，效果如图 14-80 所示。

图 14-76        图 14-77        图 14-78

图 14-79            图 14-80

（11）按 Ctrl+O 组合键，打开云盘中的"项目 14 > 素材 > 制作果汁饮料包装 > 09"文件。选择移动工具 ⊕，将"09"图像拖曳到新建的图像窗口中适当的位置，效果如图 14-81 所示。"图层"控制面板中生成新的图层，将其命名为"文字"。

（12）新建图层并将其命名为"条形码"。将前景色设为白色。选择矩形工具 □，在图像窗口中适当的位置绘制矩形，效果如图 14-82 所示。

（13）选择椭圆工具 ○，在属性栏的"选择工具模式"下拉列表中选择"形状"选项，将填充颜色设为白色，描边颜色设为无。按住 Shift 键的同时，在图像窗口中适当的位置绘制圆形，如图 14-83 所示，"图层"控制面板中生成新的形状图层"椭圆 2"。果汁饮料包装平面图制作完成。

图 14-81        图 14-82        图 14-83

### 3. 制作立体效果图

（1）按 Alt+Shift+Ctrl+E 组合键，盖印图层，"图层"控制面板中生成新的图层，如图 14-84 所示。

（2）按 Ctrl+N 组合键，弹出"新建文档"对话框，设置宽度为 15cm，高度为 15cm，分辨率为 300 像素/英寸，颜色模式为 RGB，背景内容为白色，单击"创建"按钮新建文件。

（3）返回平面图的窗口中。选择矩形选框工具 ，在图像窗口中绘制选区，如图 14-85 所示。选择移动工具 ，将选区中的图像拖曳到新建的图像窗口中适当的位置并调整其大小，效果如图 14-86 所示，"图层"控制面板中生成新的图层"图层 1"。

图 14-84　　　　　　　图 14-85　　　　　　　图 14-86

（4）按 Ctrl+T 组合键，图像周围出现变换框，按住 Ctrl 键的同时，拖曳左下角的控制手柄到适当的位置，如图 14-87 所示。使用相同的方法分别拖曳其他控制手柄到适当的位置，按 Enter 键确定操作，效果如图 14-88 所示。

图 14-87　　　　　　　图 14-88

（5）选择钢笔工具 ，在属性栏的"选择工具模式"下拉列表中选择"形状"选项，将填充颜色设为浅黄色（239、222、185），描边颜色设为无。在图像窗口中绘制需要的形状，如图 14-89 所示，"图层"控制面板中生成新的形状图层"形状 1"。再次绘制形状，在属性栏中将填充颜色设为黑色，如图 14-90 所示，"图层"控制面板中生成新的形状图层"形状 2"。

（6）单击"图层"控制面板下方的"添加图层样式"按钮 ，在弹出的菜单中选择"渐变叠加"命令，弹出"图层样式"对话框；单击"渐变"选项右侧的"点按可编辑渐变"按钮 ，弹出"渐变编辑器"对话框，分别设置两个位置点颜色的 RGB 值为 0（203、187、150）、100（239、222、185），如图 14-91 所示。单击"确定"按钮，返回"图层样式"对话框，其他选项的设置如图 14-92 所示，单击"确定"按钮，效果如图 14-93 所示。

图 14-89

图 14-90

图 14-91

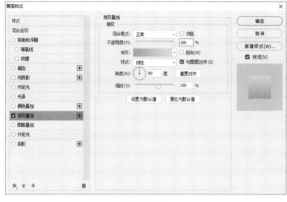

图 14-92

图 14-93

（7）使用相同的方法，在图像窗口中绘制需要的形状，如图 14-94 所示，"图层"控制面板中生成新的形状图层"形状 3"。单击"图层"控制面板下方的"添加图层样式"按钮 *fx*，在弹出的菜单中选择"渐变叠加"命令，弹出"图层样式"对话框；单击"渐变"选项右侧的"点按可编辑渐变"按钮 ，弹出"渐变编辑器"对话框，分别设置两个位置点颜色的 RGB 值为 0（168、154、123）、100（239、222、185），如图 14-95 所示。单击"确定"按钮，返回"图层样式"对话框，其他选项的设置如图 14-96 所示，单击"确定"按钮，效果如图 14-97 所示。

图 14-94

图 14-95

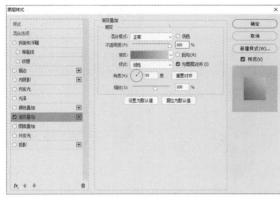

图 14-96                                              图 14-97

（8）再次绘制形状，"图层"控制面板中生成新的形状图层"形状 4"。在属性栏中将填充颜色设为浅黄色（239、222、185），效果如图 14-98 所示。使用相同的方法再次绘制形状，"图层"控制面板中生成新的形状图层"形状 5"。在属性栏中将填充颜色设为深黄色（178、165、135），效果如图 14-99 所示。

（9）按住 Shift 键，在"图层"控制面板中单击"图层 2"图层，将需要的图层同时选取。按 Ctrl+G 组合键组合图层并将其命名为"正面"，如图 14-100 所示。

图 14-98                    图 14-99                    图 14-100

（10）返回平面图的窗口中。选择矩形选框工具，在图像窗口中绘制选区，如图 14-101 所示。选择移动工具，将选区中的图像拖曳到新建的图像窗口中适当的位置并调整其大小，效果如图 14-102 所示，"图层"控制面板中生成新的图层"图层 2"。

图 14-101              图 14-102

（11）按 Ctrl+T 组合键，图像周围出现变换框，按住 Ctrl 键的同时，拖曳左下角的控制手柄到适当的位置，如图 14-103 所示。使用相同的方法分别拖曳其他控制手柄到适当的位置，按 Enter 键确定操作，效果如图 14-104 所示。选择钢笔工具 ⬧，在图像窗口中绘制需要的形状，如图 14-105 所示，"图层"控制面板中生成新的形状图层"形状 6"。

图 14-103　　　　　　　　　　图 14-104　　　　　　　　　　图 14-105

（12）单击"图层"控制面板下方的"添加图层样式"按钮 fx，在弹出的菜单中选择"渐变叠加"命令，弹出"图层样式"对话框；单击"渐变"选项右侧的"点按可编辑渐变"按钮 ▨，弹出"渐变编辑器"对话框，分别设置两个位置点颜色的 RGB 值为 0（161、40、64）、100（235、64、98）。单击"确定"按钮，返回"图层样式"对话框，其他选项的设置如图 14-106 所示，单击"确定"按钮，效果如图 14-107 所示。

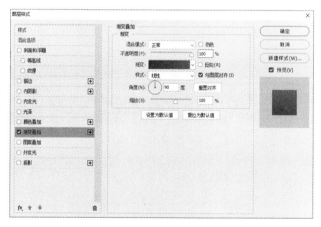

图 14-106　　　　　　　　　　　　　　　　图 14-107

（13）再次绘制形状，如图 14-108 所示，"图层"控制面板中生成新的形状图层"形状 7"。单击"图层"控制面板下方的"添加图层样式"按钮 fx，在弹出的菜单中选择"渐变叠加"命令，弹出"图层样式"对话框；单击"渐变"选项右侧的"点按可编辑渐变"按钮 ▨，弹出"渐变编辑器"对话框，分别设置两个位置点颜色的 RGB 值为 0（235、64、98）、100（82、33、43），如图 14-109 所示。单击"确定"按钮，返回"图层样式"对话框，其他选项的设置如图 14-110 所示，单击"确定"按钮，效果如图 14-111 所示。

图 14-108        图 14-109

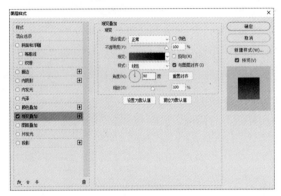

图 14-110       图 14-111

（14）使用相同的方法再次绘制形状，如图 14-112 所示，"图层"控制面板中生成新的形状图层"形状 8"。单击"图层"控制面板下方的"添加图层样式"按钮 **fx**，在弹出的菜单中选择"渐变叠加"命令，弹出"图层样式"对话框；单击"渐变"选项右侧的"点按可编辑渐变"按钮 ▬▬▬▬▼，弹出"渐变编辑器"对话框，分别设置两个位置点颜色的 RGB 值为 0（181、53、78）、100（250、94、125），如图 14-113 所示。单击"确定"按钮，返回"图层样式"对话框，其他选项的设置如图 14-114 所示，单击"确定"按钮，效果如图 14-115 所示。

图 14-112       图 14-113

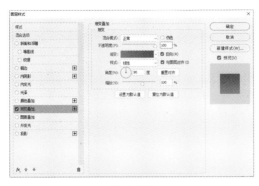

图 14-114　　　　　　　　　　　　图 14-115

（15）再次绘制形状，"图层"控制面板中生成新的形状图层"形状 9"。在属性栏中将填充颜色设为深红色（130、23、44），效果如图 14-116 所示。

（16）按住 Shift 键，在"图层"控制面板中单击"图层 3"图层，将需要的图层同时选取。按 Ctrl+G 组合键组合图层并将其命名为"侧面"。

（17）按 Ctrl+O 组合键，打开云盘中的"项目 14 > 素材 > 制作果汁饮料包装 > 10"文件。选择移动工具 ，将"10"图像拖曳到新建的图像窗口中适当的位置，如图 14-117 所示。"图层"控制面板中生成新的图层，将其命名为"盖"。

（18）按住 Shift 键，在"图层"控制面板中单击"正面"图层组，将需要的图层同时选取。按 Ctrl+J 组合键，复制图层。按 Ctrl+E 组合键，合并图层，"图层"控制面板中生成新的图层。选择移动工具 ，将其拖曳到适当的位置并调整其大小，如图 14-118 所示。

（19）在"图层"控制面板中将"盖 拷贝"图层拖曳到"正面"图层组的下方，调整图层顺序，效果如图 14-119 所示。果汁饮料包装立体效果图制作完成。

图 14-116　　　　　　　图 14-117　　　　　　　　图 14-118　　　　　　　图 14-119

#### 4. 制作广告效果图

（1）按 Ctrl+N 组合键，弹出"新建文档"对话框，设置宽度为 15cm，高度为 10cm，分辨率为 300 像素/英寸，颜色模式为 RGB，背景内容为白色，单击"创建"按钮新建文件。

（2）按 Ctrl+O 组合键，打开云盘中的"项目 14 > 素材 > 制作果汁饮料包装 > 11"文件。选择移动工具 ，将"11"图像拖曳到新建的图像窗口中适当的位置，如图 14-120 所示。"图层"控制面板中生成新的图层，将其命名为"底图"。

（3）按 Ctrl+O 组合键，打开需要的文件。选择移动工具 ，分别选中需要的形状、素材和文字，将其拖曳到新建的图像窗口中适当的位置并调整其大小，效果如图 14-121 所示。

图 14-120

图 14-121

（4）按 Ctrl+O 组合键，打开需要的文件。选择移动工具 ，选中立体效果图，将其拖曳到新建的图像窗口中适当的位置并调整其大小，如图 14-122 所示。"图层"控制面板中生成新的图层，将其命名为"饮料包装"。

（5）按 Ctrl+T 组合键，图像周围出现变换框，将鼠标指针放在变换框外，鼠标指针变为 形状，按住鼠标左键并拖曳鼠标，将图像旋转到适当的角度，按 Enter 键确定操作，效果如图 14-123 所示。果汁饮料包装制作完成。

图 14-122

图 14-123

# 项目实践 1——制作洗发水包装

【项目知识要点】使用移动工具添加素材图片，使用图层蒙版、渐变工具和画笔工具制作背景效果，使用矩形工具、"变换"命令、椭圆工具和剪贴蒙版制作装饰图形，使用"变换"命令、图层蒙版和渐变工具制作洗发水投影效果，使用"色相/饱和度"调整图层和画笔工具调整洗发水瓶的颜色，使用横排文字工具、"字符"控制面板、矩形工具和图层样式添加宣传文字。最终效果如图 14-124 所示。

【效果所在位置】项目 14/效果/制作洗发水包装.psd。

图 14-124

# 项目实践 2——制作土豆片软包装

【项目知识要点】使用椭圆工具和横排文字工具添加产品相关信息，使用钢笔工具和图层样式制作包装袋底图，使用画笔工具和"图层"控制面板制作阴影和高光效果，最终效果如图 14-125 所示。

【效果所在位置】项目 14/效果/制作土豆片软包装.psd。

图 14-125

# 课后习题 1——制作五谷杂粮包装

【习题知识要点】使用"新建参考线"命令添加参考线，使用钢笔工具绘制包装平面图，使用"羽化"命令和图层混合模式制作高光效果，使用图层蒙版、渐变工具和"图层"控制面板制作图片叠加效果，使用图层样式为文字添加特殊效果，使用矩形选框工具和"变换"命令制作包装立体效果。最终效果如图 14-126 所示。

【效果所在位置】项目 14/效果/制作五谷杂粮包装.psd。

图 14-126

# 课后习题 2——制作方便面包装

【习题知识要点】使用图层样式为飘带和文字添加投影效果，使用调整图层调整图像色调，使用横排文字工具添加产品相关信息，最终效果如图 14-127 所示。

【效果所在位置】项目 14/效果/制作方便面包装.psd。

图 14-127

# 项目 15
# 网页设计

## 项目引入

优秀的网站必定有独具特色的网页设计，美观的网页更能吸引浏览者的目光。设计人员在进行网页设计时，要对页面进行编排。本项目以生活家居类网站为例，讲解网页的设计方法和制作技巧。

## 项目目标

- ✔ 了解网页设计的概念。
- ✔ 了解网页的构成元素。
- ✔ 了解网页的分类。
- ✔ 掌握网页的设计思路。
- ✔ 掌握网页的制作技巧。

## 技能目标

- ✔ 掌握生活家居类网站首页的制作方法。
- ✔ 掌握生活家居类网站详情页的制作方法。

## 素养目标

- ✔ 培养对网页的创意设计能力。
- ✔ 培养对网页的审美与鉴赏能力。

## 相关知识——网页设计概述

网页是构成网站的基本元素，是承载各种网站应用的平台。网页实际上是一个文件，存放在计算机或服务器中。网页是通过统一资源定位符（Uniform Resource Locator，URL）来识别与存取的，当用户在浏览器中输入网址后，计算机会运行一段程序，网页文件随之被传送到计算机中，然后通过浏览器解释。

**1. 网页的构成元素**

文字与图片是网页最基本的构成元素。文字用于说明网页的内容，图片用于提高网页的美观度。除此之外，网页的构成元素还包括动画、音乐、程序等。

**2. 网页的分类**

网页可分为动态网页和静态网页，如图 15-1 所示。

图 15-1

静态网页多通过网站设计软件来进行设计和更改，相对比较滞后。现在也有一些网站管理系统可以生成静态网页，这种静态网页俗称为伪静态。

动态网页通过网页脚本与语言进行自动处理、自动更新，比如贴吧（通过网站服务器运行程序、自动处理信息，按照流程更新网页）。

## 任务 15.1 制作生活家居类网站首页

### 15.1.1 任务分析

艾利佳家居是一个具有设计感的现代家具品牌，现为拓展公司业务、扩大规模，需要开发线上购物平台。要求为该品牌设计网站首页，网页要契合品牌风格，体现出品牌简约的特点。

在设计思路上，本任务采用简洁的网页设计，使产品的展示主次分明，让人一目了然；合理搭配颜色，给人品质感；整体设计清新自然，易使消费者产生购买欲望。

本任务将使用移动工具添加素材图片，使用横排文字工具、"字符"控制面板、矩形工具和椭圆工具制作 banner 和导航条，使用图层样式、矩形工具和横排文字工具制作网页内容和底部信息。

### 15.1.2　任务效果

本任务的最终设计效果参看云盘中的"项目 15/效果/制作生活家居类网站首页.psd"，如图 15-2 所示。

### 15.1.3　任务制作

#### 1. 制作 banner 和导航条

（1）按 Ctrl+N 组合键，弹出"新建文档"对话框，设置宽度为 1920 像素，高度为 3174 像素，分辨率为 72 像素/英寸，颜色模式为 RGB，背景内容为白色，单击"创建"按钮新建文件。

（2）新建图层组并将其命名为"banner"。选择矩形工具 □，在属性栏的"选择工具模式"下拉列表中选择"形状"选项，将填充颜色设为灰色（235、235、235），描边颜色设为无。在图像窗口中绘制一个矩形，效果如图 15-3 所示，"图层"控制面板中生成新的形状图层"矩形 1"。

（3）按 Ctrl+J 组合键，复制图层，"图层"控制面板中生成新的形状图层"矩形 1 拷贝"。按 Ctrl+T 组合键，矩形周围出现变换框，拖曳控制手柄调整形状，按 Enter 键确定操作。在属性栏中将填充颜色设为咖啡色（76、50、33），描边颜色设为无，效果如图 15-4 所示。

（4）选择"矩形 1"图层。按 Ctrl+O 组合键，打开云盘中的"项目 15 > 素材 > 制作生活家居类网站首页 > 01"文件，选择移动工具 ⊕，将图片

图 15-2

拖曳到新建图像窗口中适当的位置，效果如图 15-5 所示。"图层"控制面板中生成新的图层，将其命名为"图片"。按 Alt+Ctrl+G 组合键，创建剪贴蒙版，图像效果如图 15-6 所示。

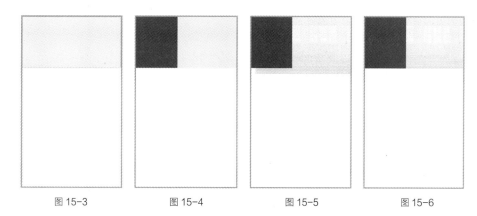

| 图 15-3 | 图 15-4 | 图 15-5 | 图 15-6 |

（5）选择"矩形 1 拷贝"图层。按 Ctrl+O 组合键，打开云盘中的"项目 15 > 素材 > 制作生活家居类网站首页 > 02、03"文件，选择移动工具 ⊕，分别将图片拖曳到新建图像窗口中适当的位置，效果如图 15-7 所示。"图层"控制面板中分别生成新的图层，将其命名为"书架"和"沙发"。

（6）选择横排文字工具 T，在适当的位置分别输入需要的文字并选取文字，在属性栏中分别选择合适的字体并设置文字大小，设置文字颜色为白色，效果如图 15-8 所示，"图层"控制面板中分别生成新的文字图层。

| 图 15-7 | 图 15-8 |

（7）选择矩形工具 □，在属性栏中将填充颜色设为无，描边颜色设为白色，描边宽度设为 2 像素，在图像窗口中绘制一个矩形，效果如图 15-9 所示。"图层"控制面板中生成新的形状图层，将其命名为"白色框"。

（8）选择横排文字工具 T，在适当的位置输入需要的文字并选取文字，在属性栏中选择合适的字体并设置文字大小，效果如图 15-10 所示，"图层"控制面板中生成新的文字图层。

（9）选取文字"立即购买"。按 Ctrl+T 组合键，弹出"字符"控制面板，各选项的设置如图 15-11 所示，按 Enter 键确定操作，效果如图 15-12 所示。

（10）选择椭圆工具 ○，在属性栏中将填充颜色设为白色，描边颜色设为无，按住 Shift 键的同时，在图像窗口中绘制一个圆形，效果如图 15-13 所示，"图层"控制面板中生成新的形状图层"椭圆 1"。

（11）按 Ctrl+J 组合键，复制"椭圆 1"图层，生成新的图层"椭圆 1 拷贝"。选择路径选择工具 ▶，按住 Shift 键的同时，水平向右拖曳圆形到适当的位置。在属性栏中将填充颜色设为无，描边颜色设为白色，描边宽度设为 2 像素，效果如图 15-14 所示。

（12）按 Ctrl+J 组合键，复制"椭圆 1 拷贝"图层，生成新的图层"椭圆 1 拷贝 2"。选择路径选择工具 ▶，按住 Shift 键的同时，水平向右拖曳圆形到适当的位置，效果如图 15-15 所示。折叠"banner"图层组。

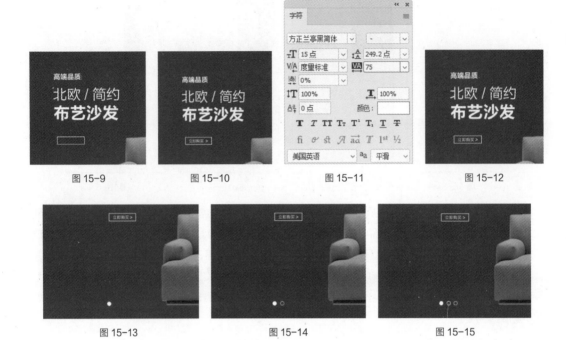

图 15-9　　　　　　图 15-10　　　　　　图 15-11　　　　　　图 15-12

图 15-13　　　　　　图 15-14　　　　　　图 15-15

（13）新建图层组并将其命名为"导航"。选择横排文字工具 T，在适当的位置分别输入需要的文字并选取文字，在属性栏中分别选择合适的字体并设置文字大小，效果如图 15-16 所示，"图层"控制面板中分别生成新的文字图层。

（14）选择横排文字工具 T，在适当的位置输入需要的文字并选取文字，在属性栏中选择合适的字体并设置文字大小，设置文字颜色为黑色，效果如图 15-17 所示，"图层"控制面板中生成新的文字图层。折叠"导航"图层组。

图 15-16　　　　　　　　　　图 15-17

### 2. 制作网页内容

（1）新建图层组并将其命名为"内容1"。选择横排文字工具 T，在适当的位置输入需要的文字并选取文字，设置文字颜色为深灰色（33、33、33），在属性栏中选择合适的字体并设置文字大小，效果如图 15-18 所示，"图层"控制面板中生成新的文字图层。

（2）选择矩形工具 □，在属性栏中将填充颜色设为洋红色（255、124、124），描边颜色设为无，在图像窗口中绘制一个矩形，效果如图 15-19 所示，"图层"控制面板中生成新的形状图层"矩形 2"。

图 15-18                                    图 15-19

（3）新建"组 1"图层组。选择矩形工具 □，在图像窗口中绘制一个矩形，"图层"控制面板中生成新的形状图层"矩形 3"。在属性栏中将填充颜色设为洋红色（255、124、124），描边颜色设为无，效果如图 15-20 所示。

（4）单击"图层"控制面板下方的"添加图层样式"按钮 fx，在弹出的菜单中选择"渐变叠加"命令，弹出"图层样式"对话框；单击"渐变"选项右侧的"点按可编辑渐变"按钮 ▨ ▼，弹出"渐变编辑器"对话框，分别设置两个位置点颜色的 RGB 值为 0（142、101、71）、100（175、138、112），如图 15-21 所示。单击"确定"按钮。返回"图层样式"对话框，其他选项的设置如图 15-22 所示，单击"确定"按钮，效果如图 15-23 所示。

图 15-20                                    图 15-21

图 15-22                                    图 15-23

（5）按 Ctrl+O 组合键，打开云盘中的"项目 15 > 素材 > 制作生活家居类网站首页 > 04"文件，选择移动工具 ，将图片拖曳到新建图像窗口中适当的位置，效果如图 15-24 所示。"图层"
控制面板中生成新的图层，将其命名为"单人椅"。

（6）选择横排文字工具 **T**，在适当的位置分别输入需要的文字并选取文字，在属性栏中分别选
择合适的字体并设置文字大小，设置文字颜色为白色，效果如图 15-25 所示，"图层"控制面板中分
别生成新的文字图层。

（7）选择矩形工具 □，在属性栏中将填充颜色设为
白色，描边颜色设为无，在图像窗口中绘制一个矩形，
效果如图 15-26 所示，"图层"控制面板中生成新的形
状图层"矩形 4"。

（8）选择横排文字工具 **T**，在适当的位置输入需要
的文字并选取文字，在属性栏中选择合适的字体并设置
文字大小，设置文字颜色为深灰色（33、33、33），效
果如图 15-27 所示，"图层"控制面板中生成新的文字
图层。

图 15-24　　　　　　　图 15-25

图 15-26　　　　　　　图 15-27

（9）折叠"组 1"图层组。使用上述方法制作其他图层组，效果如图 15-28 所示。

图 15-28

### 3. 制作底部信息

（1）新建图层组并将其命名为"底部"。选择矩形工具 ▢，在属性栏中将填充颜色设为棕色（160、139、120），描边颜色设为无，在图像窗口中绘制一个矩形，效果如图 15-29 所示，"图层"控制面板中生成新的形状图层"矩形 7"。

（2）按 Ctrl+O 组合键，打开云盘中的"项目 15 > 素材 > 制作生活家居类网站首页 > 13"文件，选择移动工具 ✛，将图片拖曳到新建图像窗口中适当的位置，效果如图 15-30 所示。"图层"控制面板中生成新的图层，将其命名为"坐椅"。

图 15-29

图 15-30

（3）选择横排文字工具 **T**，在适当的位置输入需要的文字并选取文字，在属性栏中选择合适的字体并设置文字大小，设置文字颜色为深棕色（67、46、31），效果如图 15-31 所示，"图层"控制面板中生成新的文字图层。

（4）选择矩形工具 ▢，在属性栏中将填充颜色设为深棕色（67、46、31），描边颜色设为无，在图像窗口中绘制一个矩形，效果如图 15-32 所示，"图层"控制面板中生成新的形状图层"形状 2"。

图 15-31

图 15-32

（5）选择横排文字工具 **T**，在适当的位置输入需要的文字并选取文字，在属性栏中选择合适的字体并设置文字大小，设置文字颜色为深棕色（67、46、31），效果如图 15-33 所示，"图层"控制面板中生成新的文字图层。

（6）选取段落文字，在"字符"控制面板中进行设置，如图 15-34 所示，按 Enter 键确定操作，效果如图 15-35 所示。

图 15-33　　　　　　　　　　　　图 15-34　　　　　　　　　　　　图 15-35

（7）折叠"底部"图层组。生活家居类网站首页制作完成，效果如图 15-36 所示。

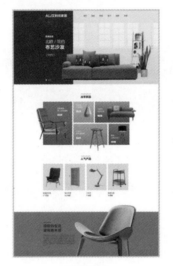

图 15-36

扫码观看
本案例视频

# 任务 15.2　制作生活家居类网站详情页

## 15.2.1　任务分析

艾利佳家居是一个具有设计感的现代家具品牌，现为拓展公司业务、扩大规模，需要开发线上购物平台。要求为该品牌设计网站首页，设计要符合产品的宣传主题，能体现出平台的特点。

在设计思路上，通过简约的页面设计，给人直观的印象，易于阅读；产品的展示主次分明，让人一目了然，促进销售；颜色的运用合理，给人品质感；整体设计清新自然，给人以好感，促使其产生购买欲望。

本任务将使用"置入嵌入对象"命令置入图片，使用圆角矩形工具、矩形工具和直线工具绘制基本形状，使用横排文字工具添加文字，使用剪贴蒙版添加宣传产品。

### 15.2.2　任务效果

本任务的最终设计效果参看云盘中的"项目 15/效果/制作生活家居类网站详情页.psd"，如图 15-37 所示。

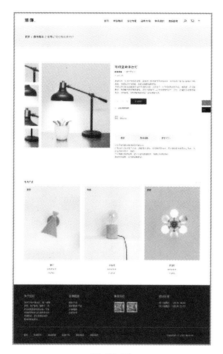

图 15-37

### 15.2.3　任务制作

**1. 制作导航和面包屑导航**

（1）按 Ctrl+N 组合键，弹出"新建文档"对话框，设置宽度为 1920 像素，高度为 3156 像素，分辨率为 72 像素/英寸，颜色模式为 RGB，背景内容为白色，单击"创建"按钮新建文件。

（2）选择"文件 > 置入嵌入对象"命令，弹出"置入嵌入的对象"对话框。选择云盘中的"项目 15 >素材 > 制作生活家居类网站详情页 > 01"文件，单击置入按钮，将图片置入图像窗口，并拖曳到适当的位置，按 Enter 键确定操作，效果如图 15-38 所示。"图层"控制面板中生成新的图层，将其命名为"Logo"。

图 15-38

（3）选择横排文字工具 **T.**，在适当的位置输入需要的文字并选取文字，在属性栏中选择合适的字体并设置文字大小，设置文字颜色为黑色，效果如图 15-39 所示，"图层"控制面板中生成新的文字图层。

图 15-39

（4）选取文字，在"字符"控制面板中进行设置，如图 15-40 所示，按 Enter 键确定操作，效果如图 15-41 所示。

图 15-40                                                    图 15-41

（5）按 Ctrl + O 组合键，打开云盘中的"项目 15 > 素材 > 制作生活家居类网站详情页 > 02"文件，选择移动工具，分别将"搜索""购物车""更多"图层拖曳到新建图像窗口中适当的位置，效果如图 15-42 所示。

（6）按住 Shift 键，在"图层"控制面板中单击"Logo"图层，将需要的图层同时选取。按 Ctrl+G 组合键组合图层并将其命名为"导航"。

图 15-42

（7）选择矩形工具，在属性栏的"选择工具模式"下拉列表中选择"形状"选项，将填充颜色设为天蓝色（236、242、248），描边颜色设为无。在图像窗口中绘制一个矩形，效果如图 15-43 所示，"图层"控制面板中生成新的形状图层"矩形 1"。

图 15-43

（8）选择横排文字工具 **T**，在适当的位置输入需要的文字并选取文字，在属性栏中选择合适的字体并设置文字大小，设置文字颜色为黑色，效果如图 15-44 所示，"图层"控制面板中生成新的文字图层。

（9）选取文字，在"字符"控制面板中进行设置，如图 15-45 所示，按 Enter 键确定操作，效果如图 15-46 所示。选取文字"简约型阅读台灯"，在属性栏中设置文本颜色为嫩灰色（111、116、120），效果如图 15-47 所示。

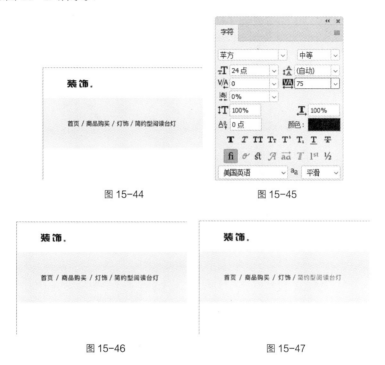

图 15-44           图 15-45

图 15-46           图 15-47

**2. 制作网页内容**

（1）选择矩形工具 **□**，在属性栏的"选择工具模式"下拉列表中选择"形状"选项，将填充颜色设为黑色，描边颜色设为无。在图像窗口中绘制一个矩形，效果如图 15-48 所示，"图层"控制面板中生成新的形状图层"矩形 2"。

（2）选择"文件 > 置入嵌入对象"命令，弹出"置入嵌入的对象"对话框。选择云盘中的"项目 15 > 素材 > 制作生活家居类网站详情页 > 03"文件，单击"置入"按钮，将图片置入图像窗口，并拖曳到适当的位置，按 Enter 键确定操作，如图 15-49 所示。"图层"控制面板中生成新的图层，将其命名为"小桌灯"。

（3）按 Alt+Ctrl+G 组合键，创建剪贴蒙版，效果如图 15-50 所示。使用上述方法，制作其他效果，如图 15-51 所示。按住 Shift 键的同时，单击"矩形 2"图层，将需要的图层同时选取。按 Ctrl+G 组合键组合图层并将其命名为"产品展示图"。

（4）选择横排文字工具 **T**，在适当的位置输入需要的文字并选取文字，在属性栏中选择合适的字体并设置文字大小，设置文字颜色为黑色，效果如图 15-52 所示，"图层"控制面板中生成新的文字图层。

（5）选取文字，在"字符"控制面板中进行设置，如图 15-53 所示，按 Enter 键确定操作，效果如图 15-54 所示。

图 15-48

图 15-49

图 15-50

图 15-51

图 15-52

图 15-53

图 15-54

（6）返回"02"图像窗口，选择移动工具 ⊕，将"四星"图层拖曳到新建的图像窗口中适当的位置，效果如图 15-55 所示。

（7）选择横排文字工具 **T.**，在适当的位置分别输入需要的文字并选取文字，在属性栏中选择合适的字体并设置文字大小，设置文字颜色为夏云灰色（96、96、96），效果如图 15-56 所示，"图层"控制面板中生成新的文字图层。

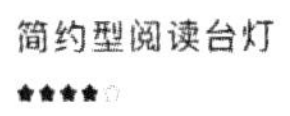

**简约型阅读台灯**
★★★★

图 15-55

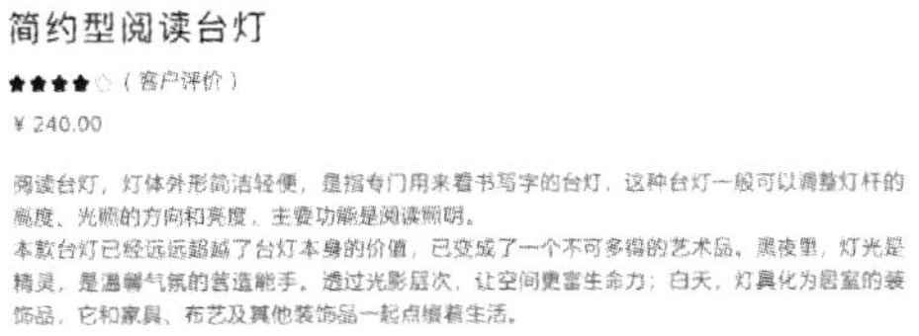

**简约型阅读台灯**
★★★★ ○（客户评价）
￥240.00

阅读台灯，灯体外形简洁轻便，是指专门用来看书写字的台灯，这种台灯一般可以调整灯杆的高度、光照的方向和亮度，主要功能是阅读照明。
本款台灯已经远远超越了台灯本身的价值，已变成了一个不可多得的艺术品。黑夜里，灯光是精灵，是温馨气氛的营造能手，透过光影层次，让空间更富生命力；白天，灯具化为居室的装饰品，它和家具、布艺及其他装饰品一起点缀着生活。

图 15-56

（8）选择圆角矩形工具 **□.**，在属性栏中将填充颜色设为无，描边颜色设为大理石灰色（201、201、201），描边粗细设为 1 像素，"半径"设为 4 像素。在图像窗口中绘制圆角矩形，效果如图 15-57 所示，"图层"控制面板中生成新的形状图层"圆角矩形 1"。

（9）返回"02"图像窗口。选择移动工具 **✛.**，分别将"增加"和"减少"图层拖曳到新建的图像窗口中适当的位置，效果如图 15-58 所示。

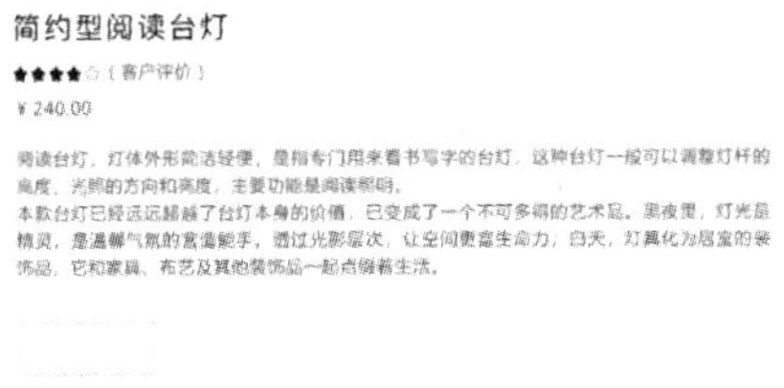

**简约型阅读台灯**
★★★★ ○（客户评价）
￥240.00

阅读台灯，灯体外形简洁轻便，是指专门用来看书写字的台灯，这种台灯一般可以调整灯杆的高度、光照的方向和亮度，主要功能是阅读照明。
本款台灯已经远远超越了台灯本身的价值，已变成了一个不可多得的艺术品。黑夜里，灯光是精灵，是温馨气氛的营造能手，透过光影层次，让空间更富生命力；白天，灯具化为居室的装饰品，它和家具、布艺及其他装饰品一起点缀着生活。

图 15-57

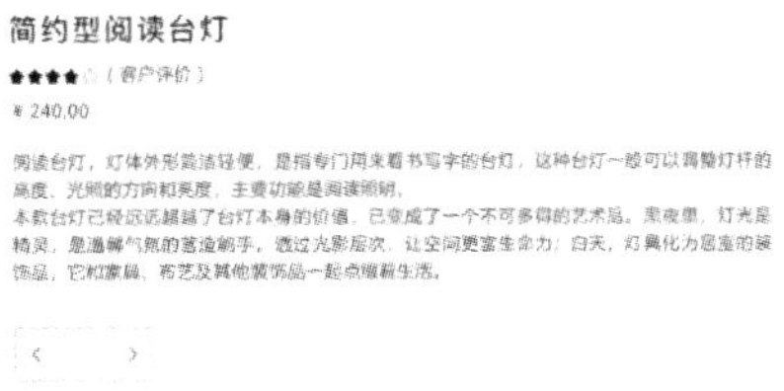

**简约型阅读台灯**
★★★★ ○（客户评价）
￥240.00

阅读台灯，灯体外形简洁轻便，是指专门用来看书写字的台灯，这种台灯一般可以调整灯杆的高度、光照的方向和亮度，主要功能是阅读照明。
本款台灯已经远远超越了台灯本身的价值，已变成了一个不可多得的艺术品。黑夜里，灯光是精灵，是温馨气氛的营造能手，透过光影层次，让空间更富生命力；白天，灯具化为居室的装饰品，它和家具、布艺及其他装饰品一起点缀着生活。

‹ ›

图 15-58

（10）选择横排文字工具 **T.**，在适当的位置输入文字并选取文字，在属性栏中选择合适的字体并设置文字大小，设置文字颜色为夏云灰色（96、96、96），效果如图 15-59 所示，"图层"控制面板中生成新的文字图层。

（11）选择圆角矩形工具 **□.**，在属性栏中将填充颜色设为深灰色（27、27、27），描边颜色设为无，"半径"设为 4 像素。在图像窗口中绘制圆角矩形，效果如图 15-60 所示，"图层"控制面板中生成新的图层"圆角矩形 2"。

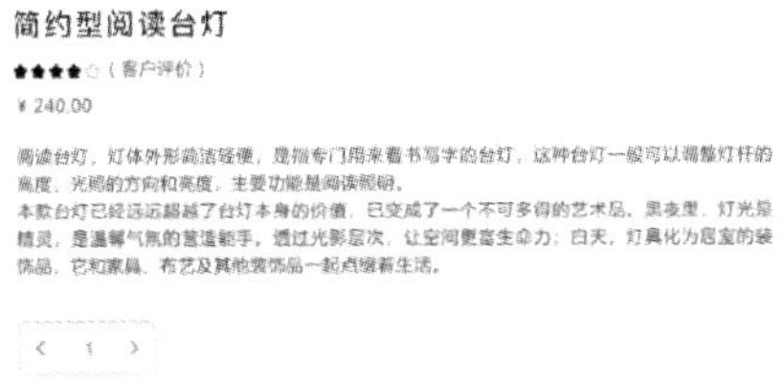

**简约型阅读台灯**
★★★★ ○（客户评价）
￥240.00

阅读台灯，灯体外形简洁轻便，是指专门用来看书写字的台灯，这种台灯一般可以调整灯杆的高度、光照的方向和亮度，主要功能是阅读照明。
本款台灯已经远远超越了台灯本身的价值，已变成了一个不可多得的艺术品。黑夜里，灯光是精灵，是温馨气氛的营造能手，透过光影层次，让空间更富生命力；白天，灯具化为居室的装饰品，它和家具、布艺及其他装饰品一起点缀着生活。

‹ 1 ›

图 15-59

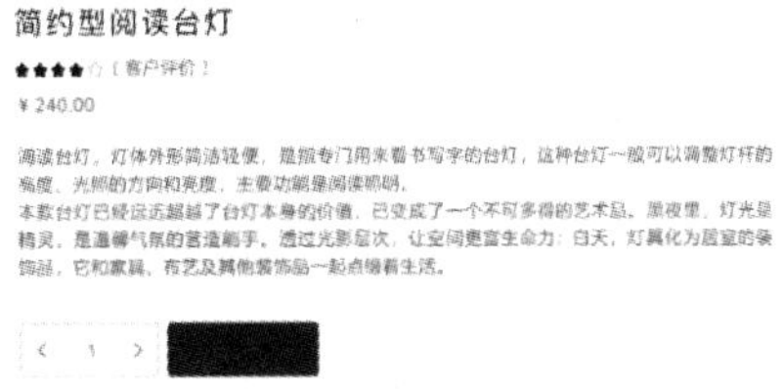

**简约型阅读台灯**
★★★★ ○（客户评价）
￥240.00

阅读台灯，灯体外形简洁轻便，是指专门用来看书写字的台灯，这种台灯一般可以调整灯杆的高度、光照的方向和亮度，主要功能是阅读照明。
本款台灯已经远远超越了台灯本身的价值，已变成了一个不可多得的艺术品。黑夜里，灯光是精灵，是温馨气氛的营造能手，透过光影层次，让空间更富生命力；白天，灯具化为居室的装饰品，它和家具、布艺及其他装饰品一起点缀着生活。

‹ 1 ›

图 15-60

（12）使用上述方法输入文字、添加图像并绘制形状，效果如图 15-61 所示。按住 Shift 键，在

"图层"控制面板中单击"简约型阅读台灯"文字图层，将需要的图层同时选取。按 Ctrl+G 组合键组合图层并将其命名为"产品文字信息"，如图 15-62 所示。

图 15-61　　　　　　　　　　　图 15-62

（13）按 Ctrl+O 组合键，打开云盘中的"项目 15 > 素材 > 制作生活家居类网站详情页 > 04"文件，选择移动工具 ，将图片拖曳到新建图像窗口中适当的位置，效果如图 15-63 所示。"图层"控制面板中生成新的图层，将其命名为"侧面导航栏"，如图 15-64 所示。

图 15-63　　　　　　　　　　　图 15-64

（14）选择横排文字工具 ，在适当的位置输入需要的文字并选取文字，在属性栏中选择合适的字体并设置文字大小，设置文字颜色为黑色，效果如图 15-65 所示，"图层"控制面板中生成新的文字图层。

（15）选取文字，在"字符"控制面板中进行设置，如图 15-66 所示，按 Enter 键确定操作，效果如图 15-67 所示。

（16）返回"02"图像窗口，选择移动工具 ，分别将"下一列"和"上一列"图层拖曳到新建的图像窗口中适当的位置，效果如图 15-68 所示。

（17）选择矩形工具 ，在属性栏中将填充颜色设为黑色，描边颜色设为无。在图像窗口中绘制矩形，效果如图 15-69 所示，"图层"控制面板中生成新的图层"矩形 5"。

图 15-65 　　　　　　　　　　图 15-66 　　　　　　　　　　图 15-67

图 15-68 　　　　　　　　　　　　图 15-69

（18）选择"文件 > 置入嵌入对象"命令，弹出"置入嵌入的对象"对话框。选择云盘中的"项目 15 > 素材 > 制作生活家居类网站详情页 > 05"文件，单击"置入"按钮，将图片置入图像窗口，并拖曳到适当的位置，按 Enter 键确定操作，"图层"控制面板中生成新的图层。按 Alt+Ctrl+G 组合键，创建剪贴蒙版，图像效果如图 15-70 所示。

（19）选择横排文字工具 **T.**，分别在适当的位置输入需要的文字并选取文字，在属性栏中选择合适的字体并设置文字大小，设置文字颜色为黑色，效果如图 15-71 所示，"图层"控制面板中分别生成新的文字图层。

图 15-70 　　　　　　　　　　　　图 15-71

（20）返回"02"图像窗口，选择移动工具 ，将"五星"图层拖曳到新建的图像窗口中适当的位置，效果如图 15-72 所示。

（21）选择横排文字工具 T，在适当的位置输入需要的文字并选取文字，在属性栏中选择合适的字体并设置文字大小，设置文字颜色为夏云灰色（96、96、96），效果如图 15-73 所示，"图层"控制面板中生成新的文字图层。

（22）选取文字，在"字符"控制面板中进行设置，如图 15-74 所示，按 Enter 键确定操作，效果如图 15-75 所示。按住 Shift 键，在"图层"控制面板中单击"矩形 5"图层，将需要的图层同时选取。按 Ctrl+G 组合键组合图层并将其命名为"产品 1"。

图 15-72　　　　　　　　　　　　图 15-73

图 15-74

图 15-75

（23）使用上述方法制作"产品 2"和"产品 3"图层组，效果如图 15-76 所示。按住 Shift 键，在"图层"控制面板中单击"相关产品"文字图层，将需要的图层同时选取。按 Ctrl+G 组合键组合图层并将其命名为"相关产品"。

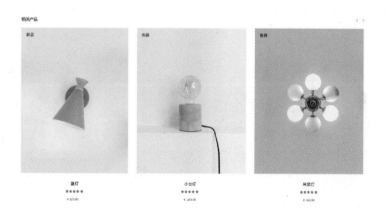

图 15-76

### 3. 制作底部信息

（1）选择矩形工具 ▭，在属性栏中将填充颜色设为中黑色（40、40、40），描边颜色设为无。在图像窗口中绘制矩形，效果如图 15-77 所示，"图层"控制面板中生成新的图层"矩形 6"。

图 15-77

（2）选择横排文字工具 T，在适当的位置输入需要的文字并选取文字，在属性栏中选择合适的字体并设置文字大小，设置文字颜色为白色，效果如图 15-78 所示，"图层"控制面板中生成新的文字图层。

图 15-78

（3）再次选择横排文字工具 T，在适当的位置输入需要的文字并选取文字，在属性栏中选择合适的字体并设置文字大小，设置文字颜色为白色，效果如图 15-79 所示，"图层"控制面板中生成新的文字图层。

（4）选取文字，在"字符"控制面板中进行设置，如图 15-80 所示，按 Enter 键确定操作。选择"窗口 > 段落"命令，弹出"段落"控制面板，单击"最后一行左对齐"按钮 ▤，如图 15-81 所示，按 Enter 键确定操作，效果如图 15-82 所示。

图 15-79

图 15-80      图 15-81

图 15-82

（5）使用上述方法，输入其他文字，效果如图 15-83 所示。选择"文件 > 置入嵌入对象"命令，弹出"置入嵌入的对象"对话框。选择云盘中的"项目 15 >素材 > 制作生活家居类网站详情页 > 08"文件，单击"置入"按钮，将图片置入图像窗口，并拖曳到适当的位置，按 Enter 键确定操作。"图层"控制面板中生成新的图层，将其命名为"二维码"，效果如图 15-84 所示。

图 15-83      图 15-84

（6）选择直线工具 ，在属性栏中将填充颜色设为灰色（153、153、153），粗细设为 2 像素。按住 Shift 键的同时，在图像窗口中适当的位置绘制直线，效果如图 15-85 所示，"图层"控制面板中生成新的图层"形状 1"。

图 15-85

（7）选择横排文字工具 **T**，分别在适当的位置输入需要的文字并选取文字，在属性栏中选择合适的字体并设置文字大小，设置文字颜色为白色，效果如图 15-86 所示，"图层"控制面板中生成新的文字图层。

（8）按住 Shift 键，在"图层"控制面板中单击"矩形 6"图层，将需要的图层同时选取。按 Ctrl+G 组合键组合图层并将其命名为"底部"。生活家居类网站详情页制作完成，效果如图 15-87 所示。

图 15-86      图 15-87

## 项目实践 1——制作生活家居类网站列表页

【项目知识要点】使用"置入嵌入对象"命令置入图片，使用圆角矩形工具、矩形工具、椭圆工具和直线工具绘制基本形状，使用横排文字工具添加产品信息，使用剪贴蒙版添加宣传产品，最终效果如图 15-88 所示。

【效果所在位置】项目 15/效果/制作生活家居类列表页.psd。

## 项目实践 2——制作中式茶叶官网首页

【项目知识要点】使用"新建参考线"命令创建参考线，使用"置入嵌入对象"命令置入图片，使用剪贴蒙版调整图片显示区域，使用横排文字工具添加介绍文字，使用矩形工具绘制基本形状，最终效果如图 15-89 所示。

【效果所在位置】项目 15/效果/制作中式茶叶官网首页.psd。

图 15-88                                    图 15-89

# 课后习题1——制作中式茶叶官网详情页

　　【习题知识要点】使用"新建参考线"命令创建参考线，使用"置入嵌入对象"命令置入图片，使用剪贴蒙版调整图片显示区域，使用横排文字工具添加产品详情，使用矩形工具和椭圆工具绘制基本形状，最终效果如图15-90所示。

　　【效果所在位置】项目15/效果/制作中式茶叶官网详情页.psd。

# 课后习题2——制作中式茶叶官网招聘页

　　【习题知识要点】使用"新建参考线"命令创建参考线，使用"置入嵌入对象"命令置入图片，使用剪贴蒙版调整图片显示区域，使用横排文字工具添加招聘信息，使用矩形工具和椭圆工具绘制基本形状，最终效果如图15-91所示。

　　【效果所在位置】项目15/效果/制作中式茶叶官网招聘页.psd。

图15-90

图15-91